高体积分数 SiCp/Al 复合材料磨削去除机理与加工表面质量

赵 旭 著

北 京
冶金工业出版社
2023

内 容 提 要

高体积分数 SiCp/Al 复合材料是航空航天、国防工业及精密仪器仪表等诸多领域的关键材料，但其切削加工易产生因脆硬 SiC 破碎导致的系列损伤，影响服役性能。本书详细叙述了高体积分数 SiCp/Al 复合材料磨削去除机理和加工损伤形成机制，揭示了磨削加工表面形貌及影响因素，并介绍了基于数据驱动的加工表面质量预测和优化方法，旨在为根本解决高体积分数 SiCp/Al 复合材料高质高效加工难题提供基础理论和技术指导，还可以为其他复合材料的低损伤高效加工提供借鉴。

本书可供广大复合材料加工方面的科研和工程技术人员参考，也可供相关专业的在校师生作为教学、科研方面的参考书使用。

图书在版编目(CIP)数据

高体积分数 SiCp/Al 复合材料磨削去除机理与加工表面质量 / 赵旭著. —北京：冶金工业出版社，2023.6
ISBN 978-7-5024-9422-3

Ⅰ.①高… Ⅱ.①赵… Ⅲ.①金属基复合材料—磨削 ②金属基复合材料—加工 Ⅳ.①TB333.1

中国国家版本馆 CIP 数据核字(2023)第 037321 号

高体积分数 SiCp/Al 复合材料磨削去除机理与加工表面质量

出版发行	冶金工业出版社		电　话	(010)64027926
地　　址	北京市东城区嵩祝院北巷 39 号		邮　编	100009
网　　址	www.mip1953.com		电子信箱	service@mip1953.com

责任编辑　夏小雪　　美术编辑　彭子赫　　版式设计　郑小利
责任校对　范天娇　　责任印制　禹　蕊

三河市双峰印刷装订有限公司印刷
2023 年 6 月第 1 版，2023 年 6 月第 1 次印刷
710mm×1000mm　1/16；12.5 印张；203 千字；191 页
定价 75.00 元

投稿电话　(010)64027932　投稿信箱　tougao@cnmip.com.cn
营销中心电话　(010)64044283
冶金工业出版社天猫旗舰店　yjgycbs.tmall.com
(本书如有印装质量问题，本社营销中心负责退换)

前　言

　　高体积分数 SiCp/Al 复合材料具有密度低、比刚度高、线膨胀系数小、热导率高、SiC 含量可调、制备技术成熟多样且成本较低等优点，已开始应用于先进光学、大功率电子元件、热控和精密仪器结构等领域，但其因为大量 SiC 颗粒的存在已成为典型的难加工材料。高体积分数 SiCp/Al 复合材料的高质量加工得到越来越多的关注，成为研究热点，其中，磨削因其磨粒的高硬度和自锐性在高体积分数 SiCp/Al 复合材料加工中表现出较为显著的优势。

　　本书作者多年从事高体积分数颗粒增强金属基复合材料高质高效加工研究，通过总结高体积分数 SiCp/Al 复合材料磨削加工的研究成果与心得，并整理了大量国内外颗粒增强金属基复合材料加工相关文献，撰写完成本书。本书的性质是非教科书，希望本书的出版能够增进学术交流，促进我国复合材料加工理论和技术的提升。

　　本书共分为 5 章。其中，第 1 章绪论，第 2 章高体积分数 SiCp/Al 复合材料磨削细观力学行为及材料去除机理，第 3 章高体积分数 SiCp/Al 复合材料磨削去除的三维微观仿真分析，第 4 章高体积分数 SiCp/Al 复合材料磨削表面形貌，第 5 章数据驱动的高体积分数 SiCp/Al 复合材料磨削表面质量预测及磨削工艺参数优化。

　　在此，向本书参考文献的各位作者表示真诚感谢，对在本书的编写和出版过程中提供了帮助和支持的单位与同志表示由衷谢意。

由于作者学术水平有限，书中出现的一些错误在所难免，敬请相关同行和读者批评指正。

作 者

2023 年 4 月 15 日

目　　录

1 绪论 ·· 1

  1.1 学术背景 ·· 1

  1.2 SiCp/Al 复合材料加工研究进展 ·· 5

    1.2.1 车削 ··· 5

    1.2.2 铣削 ··· 8

    1.2.3 磨削 ··· 10

    1.2.4 特种加工方法 ·· 13

    1.2.5 SiCp/Al 复合材料磨削去除机理研究进展 ································ 15

    1.2.6 SiCp/Al 复合材料切削仿真分析研究进展 ································ 18

    1.2.7 SiCp/Al 复合材料加工表面形貌评价方法研究进展 ···················· 25

    1.2.8 SiCp/Al 复合材料加工亚表面损伤研究进展 ····························· 25

    1.2.9 SiCp/Al 复合材料加工工艺优化研究进展 ································ 27

2 高体积分数 SiCp/Al 复合材料磨削细观力学行为及材料去除机理 ············ 29

  2.1 SiCp/Al 复合材料磨削细观力学行为研究 ···································· 29

    2.1.1 磨粒作用下的单增强颗粒受力模型 ······································· 29

    2.1.2 磨粒作用下的单增强颗粒受力和运动及去除行为分析 ·············· 36

  2.2 基于划刻实验的高体积分数 SiCp/Al 复合材料去除机理研究 ········ 45

2.2.1　实验材料 …………………………………………………… 46

　　2.2.2　单磨粒划刻实验步骤 ……………………………………… 47

　　2.2.3　表面形貌检测设备 ………………………………………… 49

　　2.2.4　划刻力学性能 ……………………………………………… 50

　　2.2.5　划刻沟槽的横截面轮廓创成特征 ………………………… 58

　　2.2.6　划刻沟槽表面微观形貌 …………………………………… 61

　　2.2.7　划刻表面缺陷描述模型 …………………………………… 66

3　高体积分数 SiCp/Al 复合材料磨削去除的三维微观仿真分析 …… 69

3.1　实验材料和仿真分析工具 ………………………………………… 69

3.2　高体积分数 SiCp/Al 复合材料的 3D 微观多相有限元模型构建 …… 70

　　3.2.1　增强颗粒的 3D 随机几何建模 …………………………… 70

　　3.2.2　增强颗粒投放 ……………………………………………… 73

　　3.2.3　网格划分 …………………………………………………… 76

　　3.2.4　材料属性和本构模型 ……………………………………… 76

　　3.2.5　增强颗粒-金属基界面模型构建 …………………………… 80

　　3.2.6　接触模型构建 ……………………………………………… 81

3.3　仿真分析实验方案 ………………………………………………… 82

3.4　单磨粒划刻仿真分析结果 ………………………………………… 82

　　3.4.1　材料去除行为和亚表面状态演变 ………………………… 82

　　3.4.2　划刻表面形貌演化 ………………………………………… 97

　　3.4.3　划刻仿真分析的实验验证 ………………………………… 100

4　高体积分数 SiCp/Al 复合材料磨削表面形貌 …………………… 102

4.1　高体积分数颗粒增强金属基复合材料加工表面形貌评价指标 ……… 103

4.2 实验设备与材料 ……………………………………………… 105
　4.2.1 立轴端面磨削实验的加工设备 ………………………… 105
　4.2.2 卧轴圆周磨削实验的加工设备 ………………………… 105
　4.2.3 表面形貌检测设备 ……………………………………… 106
　4.2.4 实验材料 ………………………………………………… 106
4.3 磨削表面形貌和工艺参数影响初探 …………………………… 108
　4.3.1 实验方案 ………………………………………………… 108
　4.3.2 磨削表面微观形貌研究 ………………………………… 109
　4.3.3 磨削工艺参数对表面形貌影响初探 …………………… 119
4.4 基于全因子实验的磨削工艺参数对表面形貌耦合影响研究 …… 129
　4.4.1 实验方案 ………………………………………………… 129
　4.4.2 立轴端面磨削工艺参数对表面形貌耦合影响研究 …… 132
　4.4.3 卧轴圆周磨削工艺参数对表面形貌耦合影响研究 …… 135
4.5 立轴端面磨削和卧轴圆周磨削工艺对比分析 ………………… 137

5 数据驱动的高体积分数 SiCp/Al 复合材料磨削表面质量预测及磨削工艺参数优化 ……………………………………… 139

5.1 数据驱动的预测与多目标优化平台概述 ……………………… 139
5.2 高体积分数 SiCp/Al 复合材料磨削表面质量预测及磨削工艺参数优化实施 ………………………………………… 141
　5.2.1 实验设计 ………………………………………………… 142
　5.2.2 数据获取及处理 ………………………………………… 146
　5.2.3 代理模型构建与磨削表面质量预测 …………………… 147
　5.2.4 磨削工艺参数多目标优化 ……………………………… 163

参考文献 ……………………………………………………………… 170

1 绪　　论

1.1 学术背景

中高体积分数 SiCp/Al 复合材料具有密度低、比刚度高、线膨胀系数小、热导率高、制备技术成熟多样且成本较低等优点，还可以根据不同应用需求合理调整 SiC 含量以实现材料性能的"可裁剪"[1-4]。中高体积分数 SiCp/Al 复合材料既能满足先进光学系统的轻量化、一体化和低成本的需求，也能够适应大功率电子元件及热控系统的高密度、小型化和高稳定性发展趋势，成为微电子领域较为理想的电子封装材料，还能满足精密仪器的高精度、小型化和高稳定性的要求[5]。

中高体积分数 SiCp/Al 复合材料已开始应用于先进光学、大功率电子元件、热控和精密仪器结构等领域[4,6-8]。例如，在光学领域，美国 ACMC 公司应用高体积分数 SiCp/Al 复合材料制造武器瞄准系统的反射镜（如图 1.1（a）所示）[9]，哈尔滨工业大学用高体积分数 SiCp/Al 复合材料制成红外光学反射镜（如图 1.1（b）所示）[10]，北京航空材料研究所利用高体积分数 SiCp/Al 复合材料制备焦面支架（如图 1.1（c）所示）[11]，中国科学院长春精密机械与物理研究所使用高体积分数 SiCp/Al 复合材料制备反射镜及其光机结构件，实现反射镜与支撑结构采用同一材料，极大地提高了成像效果（如图 1.1（d）所示）[5]；在微电子领域，高体积分数 SiCp/Al 复合材料应用于电子封装的实例更多，影响也最大，例如在 F22 猛禽战斗机的遥控自动驾驶仪、发光单元、飞行员头部上方显示器、电子计数测量阵列等关键电子系统上，高体积分数 SiCp/Al 复合材料替代传统材料制成印刷板板芯，显著减重 70%，由于其优异的热导率，还被用于 F22 战斗机的电子基座和外壳等热控结构[12]，电子封装示意图如图 1.2 所示[13]；在精密仪器领域，美国 ACMC 公司在导航系统和红外成像制导系统的精密结构件应用中高体积分数 SiCp/Al 复合材料，实现减重 62%（如图 1.3（a）所示）[9]，国内某型号惯性测量与导航系统的主体结构件也成功使用中高体积分数 SiCp/Al 复合材料，实现性能提升和减重的双重优化（如图 1.3（b）所示）[14]。中高体积分数 SiCp/Al 复合材料在先进光学、精密仪器、集成电路和航空航天等高精尖领域具有广泛的应用前景[5]。

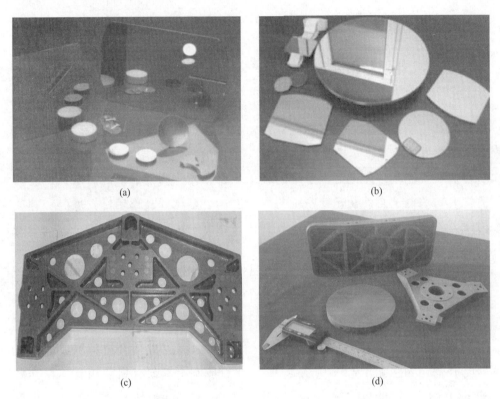

图 1.1　高体积分数 SiCp/Al 复合材料在光学领域的应用

(a) 美国 ACMC 公司的 SiCp/Al 反射镜[9]；(b) 哈尔滨工业大学的 SiCp/Al 反射镜[10]；(c) 北京航空材料研究所的空间光机结构件[11]；(d) 中国科学院长春精密机械与物理研究所的 SiCp/Al 反射镜组件[5]

图 1.2　电子封装案例示意图[13]

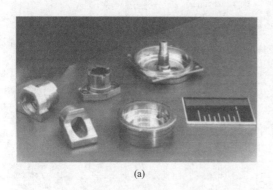

(a) (b)

图 1.3 高体积分数 SiCp/Al 复合材料在精密仪器领域的应用

(a) 美国 ACMC 公司的 SiCp/Al 红外成像制导系统零件[9]；(b) 国内某型号的 SiCp/Al 惯性测量结构件[14]

目前，中高体积分数 SiCp/Al 复合材料制备通常采用粉末冶金法、搅拌铸造法和液相浸渗法等[5,15]，材料制备与塑性加工后的中高体积分数 SiCp/Al 复合材料表面质量一般无法满足上述高精尖领域对零部件的高质量要求，需要后续的精密加工[16]。由于 Al 合金中添加了高耐磨和高硬脆的 SiC 颗粒，严重的刀具磨损、SiC 颗粒的硬脆难加工特性和其与 Al 基体的显著物理力学性能差异诱发 SiCp/Al 复合材料出现各种加工损伤，致使其加工性能差和加工成本高，SiCp/Al 复合材料属于典型的难加工材料[17-19]。如图 1.4 所示，随着 SiCp/Al 复合材料中 SiC 增强颗粒体积分数的增加，SiC 颗粒的数量和平均粒径逐渐增大，间距逐渐减小，机械加工难度越来越大，加工表面缺陷严重，因此，高体积分数 SiCp/Al 复合材料机械加工是极具挑战的任务，以实现高表面质量加工为目的的精密加工研究是目前和未来高体积分数 SiCp/Al 复合材料的重点研究领域之一[5]。

至今，国内外相关学者为了提高 SiCp/Al 复合材料加工表面质量开展了大量卓有成效的研究工作，主要集中在中低体积分数 SiCp/Al 复合材料的车削和铣削（如图 1.5 所示）。近年来，随着相关领域对高体积分数 SiCp/Al 复合材料的迫切需求，高体积分数 SiCp/Al 复合材料的高质量加工得到越来越多的关注[20]。磨削是机加领域的重要精密和超精密加工方法，且相较于车削和铣削，磨削因其磨粒的高硬度和自锐性，在高体积分数 SiCp/Al 复合材料加工中表现出较为显著的优势[21]。关于高体积分数 SiCp/Al 复合材料磨削加工，一些学者已经着手开展了相关研究，取得了一定研究成果[22-26]。

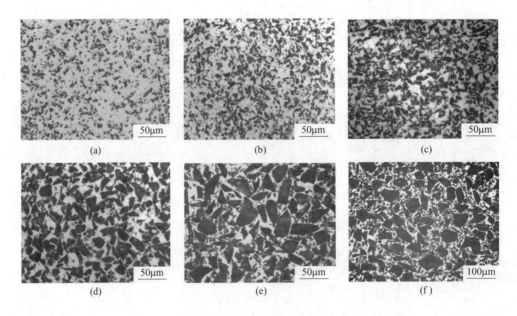

图 1.4 不同 SiC 体积分数的 SiCp/Al 复合材料微观结构[16]

(a) 体积分数为 15%；(b) 体积分数为 20%；(c) 体积分数为 40%；
(d) 体积分数为 55%；(e) 体积分数为 65%；(f) 体积分数为 70%

但总体而言，高体积分数 SiCp/Al 复合材料磨削研究较少，磨削表面质量仍不理想，分析其原因如下：磨削过程的材料去除机理研究还不够透彻，磨削工艺参数对加工表面质量的影响规律有待深入研究，有效的多目标工艺参数优化方法亟待提出。

高体积分数 SiCp/Al 复合材料在宏观尺度分析，其是各向同性的优质材料；在微观尺度分析，其是由大量硬脆 SiC 颗粒和软塑 Al 基体构成的，二者显著的物理力学性能差异导致复合材料磨削去除过程非常复杂，加工表面和亚表面出现严重损伤。分析磨粒作用下的复合材料去除机理是抑制高体积分数 SiCp/Al 复合材料磨削加工损伤的核心问题，深入掌握磨削工艺参数对加工表面质量的影响规律是提高加工表面质量的基础，同时，考虑到高体积分数 SiCp/Al 复合材料磨削加工表面创成的高复杂性、强耦合性和强非线性，数据驱动的加工表面质量预测和磨削工艺参数多目标优化方法是实现高体积分数 SiCp/Al 复合材料加工决策的有效途径。

针对上述亟待解决的加工理论和技术问题，本书围绕高体积分数 SiCp/Al 复合材料磨削加工理论与技术开展了系统研究，包括基于理论分析、划刻

1.2 SiCp/Al 复合材料加工研究进展

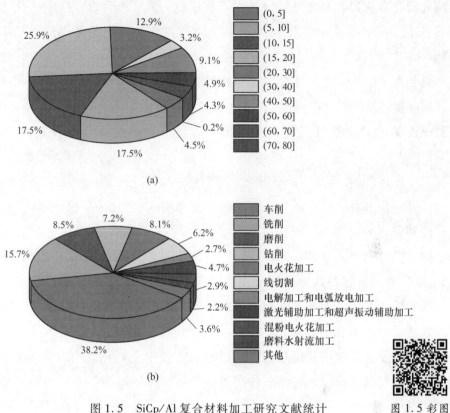

图 1.5 SiCp/Al 复合材料加工研究文献统计

（基于可用数据库，1990~2020 年）[20]

(a) SiC 体积分数为统计指标；(b) 加工方法为统计指标

实验、三维有限元仿真分析的材料去除机理研究，磨削工艺参数对加工表面形貌的影响规律和形成机制研究，数据驱动的加工表面质量预测和磨削工艺参数多目标优化研究。本书研究成果可为高体积分数 SiCp/Al 复合材料高表面质量加工提供理论参考依据和方法，同时也可为其他难加工材料的机械加工研究提供新思路和方法，具有重要的学术研究意义和工程应用价值。

1.2 SiCp/Al 复合材料加工研究进展

1.2.1 车削

1.2.1.1 刀具的选择

SiCp/Al 复合材料车削研究主要集中于刀具切削性能比较，例如无涂层的硬质合金钢刀具和 PCD 刀具[27]、高速钢刀具[28]、CBN 刀具[29-30]、SCD 刀具[31]、TiN 涂层硬质合金钢刀具和 CVD 刀具及多涂层硬质合金刀具[32]。Karako 等[33]认为,考虑到其优异的力学性能,虽然价格比较昂贵,但 PCD 刀具仍是 SiCp/Al 复合材料加工的首选。Andrewes 等[34]研究表明,CVD 刀具的磨损速率大于 PCD 刀具。PCD 刀具被普遍认为是适合于 SiCp/Al 复合材料车削的刀具,既可以提高刀具寿命,还可以产生可以接受的加工表面质量[35]。

1.2.1.2 刀具磨损机理研究

刀具磨损的主要形式是刀尖的后刀面磨损[36],Manna 等[37]将刀具磨损机理解释如下:当 SiC 颗粒与刀具接触时,SiC 颗粒元素倾向于扩散到软质基体,提升工件的硬度和耐磨性,引起后刀面磨损。对于 PCD 刀具,在切削 SiCp/Al 复合材料和其他材料时发生的刀具磨损现象是相似的,可以解释为刀具表面疲劳损伤和微观断裂,刀具与工件的黏结现象进一步加剧磨损[38],并且在后刀面出现明显的纵沟[39]。对于 TiN 涂层刀具,磨粒磨损是刀具磨损的主要形式,切削速度是其主要影响工艺参数[40]。对于 CVD 涂层硬质合金刀具,刀具磨损过程包括工件材料在刀具表面熔化和随之的前刀面及切削刃蚀变[41]。Manna 等[42]提出在 WC 刀具加工 SiCp/Al 复合材料时,切削速度对刀具磨损的影响比进给速度更显著。对于 SCD 刀具,微磨损、碎屑磨损、解理、磨粒磨损和化学磨损是主要磨损形式,图 1.6 是 SCD 刀具车削加工体积分数为 15% 的 SiCp/Al 复合材料时发生的磨损[31]。

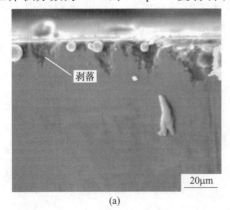
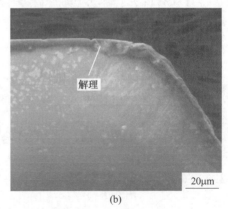

图 1.6　SCD 刀具车削加工体积分数为 15% 的 SiCp/Al 复合材料时发生的磨损[31]

(a) 后刀面;(b) 前刀面

1.2.1.3 切削力和切屑

切削力主要产生于切屑形成、耕犁、碳化硅颗粒断裂和移动等[43]，SiCp/Al复合材料车削的切屑形态是锯齿形[44]，一般来说，切削力随着刀具后刀面磨损加剧而增大[45]。Manna等[42]通过实验发现较低的切削速度能获得较小的切削力，但是进给切削力却更大。此外，SiC增强颗粒的属性，例如粒径和体积分数，对切削力有影响，增强颗粒体积分数和粒径增加导致切削力增大[46-48]。切屑的形成预示着在加工过程中材料变形的完结[49]，图1.7是SiCp/Al复合材料车削产生的切屑，可以明显看出起始于碳化硅颗粒的孔洞和裂纹[50]。Liu等[51]推导出，相较于正前角刀具，负前角刀具更容易诱发切屑塑性变形。SiCp/Al复合材料车削的切屑形成机制主要是高剪切应力诱发切屑外自由面的裂纹产生[52]，碳化硅颗粒阻碍铝基体的塑性变形[53]，碳化硅颗粒的粒径和体积分数显著影响切屑形成，增强颗粒越大，切屑越细小[54]。

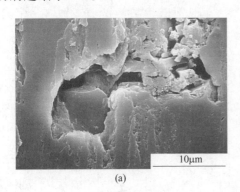
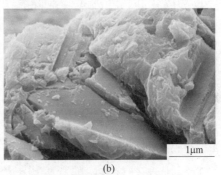

图 1.7　SiCp/Al复合材料车削的切屑[50]

(a) 孔洞；(b) 碳化硅断裂

1.2.1.4 表面完整性

SiCp/Al复合材料车削加工表面出现很多缺陷，例如凹坑、孔洞、微裂纹、沟痕、凸起和铝基体撕裂等[55]。Ding等[56]通过大量实验发现刀具与工件材料的黏结特性对加工表面质量有显著影响。Sharma[57]的研究结果表明，刀尖半径增加导致表面粗糙度增大，而进给速度增加对表面粗糙度有更严重的不利影响；Davim[58]指出切削速度、切削时间和进给速度对加工表面粗糙度有显著影响；Palanikumar等[59]认为进给速度是加工表面粗糙度的最主要影响因素，其次是切削速度和碳化硅体积分数；Muthukrishnan 等[60]也认为进给速度是统计学和物理学意义上对加工表面粗糙度影响最显著的因素；Aurich 等[61]建议采用较高的切削速度和进给速度，以及合适的切削深度以降低工件的热应力。Muthukrishnan 等[62]发现，当切削速度达到 400m/min 时，在整个刀具生命周期内可以获得稳定的低表面粗糙度，预示着 SiCp/Al 复合材料高速加工的可能性。Ge 等[63]指出单点金刚石刀具或者 PCD 刀具可以获得较低的表面粗糙度，单点金刚石刀具获得的加工表面更光滑且碳化硅颗粒冲击破碎和拔除现象更少。Wang 等[64]通过精密车削实验发现，加工表面粗糙度的波峰-波谷数值与碳化硅颗粒粒径是非常接近的。切削刀具的材料对体积分数为 10% 的 SiCp/Al 复合材料加工表面粗糙度的影响由好至坏的顺序依次是 PCD、CBN、WC[65]，强化处理的刀具性能明显优于无强化处理的刀具[66]，对于体积分数为 45% 的 SiCp/Al 复合材料车削，PCD 刀具性能优于 CBN 刀具，PCD 刀具的磨损更低且加工表面质量更好[67]。加工表面损伤主要与碳化硅颗粒破碎和拔除有关[68]，特别值得关注的是，加工表面下方的碳化硅颗粒因车刀切削刃挤压也产生破碎等现象，即亚表面损伤[69]。

1.2.2 铣削

铣削方式有多种，例如端铣和侧面铣等。从文献总体来看，SiCp/Al 复合材料铣削研究主要集中于端铣。

1.2.2.1 刀具磨损

SiCp/Al 复合材料铣削常采用无涂层硬质合金刀片、TiAlN 涂层刀具和硬质合金涂层刀具，此外，为了防止刀具快速磨损，可以应用超硬材料，例如 CBN 和 PCD[70]。Shen 等[71]揭示无涂层的 WC-Co 铣刀周刃出现非常严重的磨损，类金刚石涂层刀具的磨损程度稍低一些，而 CVD 涂层刀具呈现出更好的耐磨性。Huang 等[72]通过体积分数为 20% 的 SiCp/Al 复合材料高速铣削实验发现，刀具磨损的主要形式是后刀面的磨粒磨损，TiC 基金属陶瓷刀具不适用于更高增强颗粒体积分数和粒径的复合材料高速铣削。越大的金刚石粒径对 PCD 铣刀的耐磨性提升越有帮助，但是进入稳定磨损阶段后，不同金刚石粒径的 PCD 铣刀呈现出相同的磨损率[73]。Wang 等[74]研究表明 PCD 刀具磨损形式是碳化硅颗粒导致的后刀面磨粒磨损。Huang 等[75]指出后刀面磨粒磨损是 TiN 涂层刀具、金属陶瓷刀具和硬质合金刀具的主要磨损形式，且铣削速度是影响刀具磨损的最主要工艺参数。Deng 等[76]开展了微铣削研究，发现黏结磨损、磨粒磨损、氧化磨损等是微铣刀的主要磨损形式。Ge 等[77]对体积分数为 20%~35% 的 SiCp/Al 复合材料开展 PCD 刀具高速铣削研究，发现增强颗粒体积分数对刀具磨损影响显著。Karthikeyan 等[78]和 Ekici 等[79]也指出碳化硅增强颗粒的体积分数和粒径对铣刀加工性能有显著影响。

1.2.2.2 铣削力

Jayakumar 等[80]揭示铣削深度和碳化硅颗粒的粒径是铣削力的主要影响因素。Jayakumar 等[81]指出碳化硅增强颗粒体积分数增加导致铣削温度升高，进而需要更高的铣削力。Vallavi 等[82]发现铣削速度对铣削力产生负效应，而轴向切削深度和碳化硅体积分数对铣削力是正效应。Huang 等[83]也发现，铣削力随着铣削速度增加而降低，却随进给速度和铣削深度增加而升高，高速铣削实验也得到了相同的结论[84]。铣削分力对高速、全浸条件更加敏感，不稳定的复合材料切屑变形和不均匀的碳化硅颗粒分布导致铣削力出现更大的波动[85-86]。Huang 等[87]开展了体积分数为 45% 的 SiCp/Al 复合材料高速铣削研究，结果表明，较大粒径的金刚石涂层铣刀产生相对较小的铣削力，随着铣削距离的增加，铣削力变化规律与 PCD 铣刀磨损呈现较好的对应关系。

1.2.2.3 表面完整性

SiC 增强颗粒的材料去除模式在 SiCp/Al 复合材料加工表面创成过程中起到至关重要的作用[88]，加工表面出现很多缺陷，例如耕犁褶皱、凹坑和 Al 基体撕裂等，这些缺陷主要是 SiC 增强颗粒拔除、断裂和破碎的结果[89]，图 1.8 是 SiCp/Al 复合材料铣削加工表面的一些缺陷[90]。Reddy 等[91]和 Zhang 等[92]通过对低体积分数 SiCp/Al 复合材料和无增强颗粒的 Al 合金开展铣削实验发现，添加的增强颗粒有利于降低加工表面粗糙度，原因是增强颗粒提升了复合材料的力学性能。对于复合材料精密铣削，加工表面创成是 Al 基体尺寸效应和 SiC 增强颗粒去除方式的耦合结果，当每齿进给量小于 Al 的最小切屑厚度时，涂敷效应占据主导，而当每齿进给量大于理论计算的最大值时，SiC 增强颗粒的裂纹破碎起到支配作用[93]。Huang 等[94]实验结果表明碳化硅增强颗粒体积分数增加导致加工表面粗糙度增大。Chandrasekaran[95]

的实验结果表明,加工工艺参数对加工表面粗糙度影响显著程度的排序是进给速度、主轴转速和切削深度,而 Reddy 等[96]建议采用高转速、小进给速度和小切深以获得更好的加工表面质量。对于含有高体积分数和大粒径 SiC 颗粒的 SiCp/Al 复合材料而言,铣刀磨损严重,高质量加工表面很难获得,需要采用很小的工艺参数以获得较好的加工表面质量[70]。Wang 等[97]研究表明,体积分数为 65% 的 SiCp/Al 复合材料铣削表面粗糙度随着铣削速度递增(100~250m/min)而减小,然后趋于稳定。Ghoreishi 等[98]发现 CO_2 低温冷却液有助于降低加工表面粗糙度。

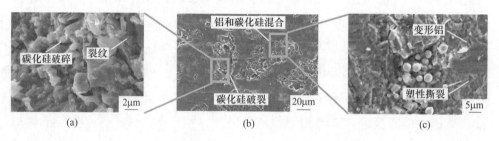

图 1.8 SiCp/Al 复合材料铣削加工表面微观形貌[90]
(a)碳化硅破裂局部放大形貌;(b)加工表面整体形貌;(c)铝和碳化硅混合局部放大形貌

1.2.3 磨削

目前,SiCp/Al 复合材料磨削研究集中于平面磨削,包括卧轴圆周磨削和立轴端面磨削。

1.2.3.1 SiCp/Al 复合材料卧轴圆周磨削

对于 SiCp/Al 复合材料卧轴圆周磨削,SiC 增强颗粒去除行为是影响复合材料加工表面质量的主要因素,加工表面缺陷包括增强颗粒与基体界面失效、界面微裂纹和 SiC 增强颗粒断裂及破碎等[99-100],如图 1.9 所示。Pai 等[101]指出加工表面粗糙度随着 SiC 增强颗粒体积分数增加而增大。当采用金刚石砂轮对含有较大增强颗粒粒径和体积分数的 SiCp/Al 复合材料进行磨削时,磨屑形态包括 Al 磨屑、SiC 磨屑和 Al-SiC 混合磨屑[102]。增强颗粒类型和砂轮磨粒类型是影响 SiCp/Al 复合材料磨削性能的两个重要因素[103]。关佳亮等[104]对体积分数为 40% 和 60% 的 SiCp/Al 复合材料进行了 ELID 磨削加工实验,实验表明,SiCp/Al 复合材料 ELID 磨削加工表面质量和机械加工性能随着体积分数的增加而降低。Zhang 等[105]采用 PCD 砂轮和 CVD 砂轮开展 SiCp/Al 复合材料磨削实验,发现 PCD 砂轮具有更好的边缘均匀度,加工表面质量更好。而 Xu 等[106]出于经济性考虑,建议采用 SiC 砂轮用于 SiCp/Al 复合材料粗磨。Hung 等[107-108]认为大粒径磨粒砂轮适用于粗磨,小粒径磨粒砂轮用于精磨。

(a)

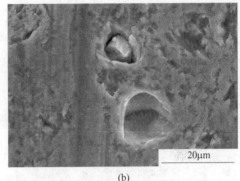
(b)

图 1.9　SiCp/Al 复合材料磨削的表面缺陷[99]
(a) SiC 增强颗粒断裂;(b) SiC 增强颗粒压入和拔出

因为 SiCp/Al 复合材料具有很高的硬度,所以磨削力的方向分力随着砂轮磨削性能下降呈现出递增趋势[109],在所有砂轮中,金刚石砂轮的法向磨削力最小,其次是 CBN 砂轮[110],而且法向磨削力和切向磨削力均随着磨削深度增加而增大[111]。于晓琳[22]通过实验发现,在干式磨削、湿式磨削、冷冻磨削和 ELID 磨削条件下,磨削力均随着磨削深度和进给速度增加而增大,当磨削深度大于 2μm 时,冷冻磨削的磨削力最大,ELID 磨削力波动小;表面粗糙度随着磨削深度增加略有增大但有一定波动,表面粗糙度随着进给速度增加而增大。磨削温度随着磨削速度、进给速度和磨削深度增加而升高[112],当磨削温度超过 450℃ 时,加工表面将出现氧化层[113],Zhou 等[114]采用三角热源模型对 SiCp/Al 复合材料精密磨削的工件表面温度进行了预测。

1.2.3.2　SiCp/Al 立轴端面磨削

立轴端面磨削是利用立轴砂轮的端面实施磨削加工。为了满足形状复杂的 SiCp/Al 复合材料零部件加工需求,哈尔滨工业大学姚英学教授[115]对立轴端面磨削进行了改进,提出了铣磨加工方法,铣磨加工设备和原理如

图 1.10（a）和图 1.10（b）所示，该方法用铣磨工具代替传统铣刀，磨棒安装在铣床或数控加工中心，其加工轨迹控制与铣削一致，可以实现复杂形状及曲面加工[116]。

郑伟[117]、周力[119]和梁桂强[23]在加工中心的主轴安装超声振动装置，开展了 SiCp/Al 复合材料的超声振动辅助立轴端面磨削研究，其工作原理如图 1.10（c）所示。他们的研究结论近似，超声振动可降低磨削力，材料去除效率得到了提高，SiCp/Al 复合材料加工表面粗糙度 S_q 随主轴转速和超声振幅增加而减小，随进给速度增加而增大，随磨削深度增加而先减小后增大。

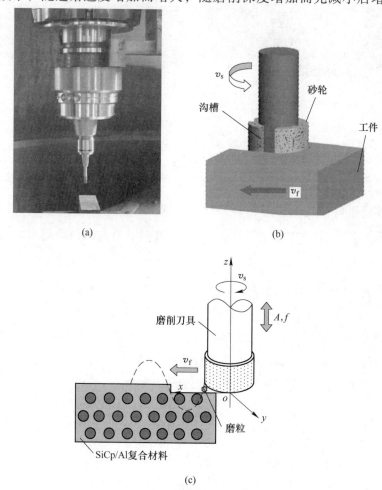

图 1.10 铣磨加工设备和原理

（a）铣磨加工设备[117]；（b）铣磨示意图[118]；（c）超声振动辅助磨削示意图[119]

李大博[118]开展了SiCp/Al复合材料窄槽铣磨实验,研究结果表明,铣磨力对进给速度变化较为敏感,磨粒粒度越小,表面粗糙度越小;砂轮的主要磨损形式是磨粒磨耗磨损和热应力磨损,砂轮表面既发生嵌入型堵塞也发生黏附型堵塞。Yao[120]建议将金刚石砂轮用于体积分数为45%的SiCp/Al复合材料铣磨,以获得较好的加工表面质量;而Li等[121]建议采用带有超硬磨粒涂层(例如金刚石磨粒)的超速钢砂轮以提高磨削效率。

都金光和其合作者李建广等[116,122-125]开展了体积分数为45%的SiCp/Al复合材料铣磨研究,得出了一些有价值的研究成果。通常,铣磨深度增加将导致加工表面粗糙度增大,适当增加进给速度和降低磨削深度可以获得更小的加工表面粗糙度。构建的铣磨力预测模型包括SiC增强颗粒脆性断裂和SiC-Al界面脱黏所产生的分力。SiCp/Al复合材料铣磨产生的磨屑形态是不规则的,有4类磨屑形态,例如卷曲磨屑、团聚混乱磨屑、层片磨屑和带状磨屑,SiC增强颗粒的脆性断裂、拔出和压入等去除方式是影响磨屑形态的重要因素。

1.2.4 特种加工方法

除了传统加工方法,一些学者将特种加工方法应用于SiCp/Al复合材料加工,其中,电火花加工(EDM)、混粉电火花加工(powder mixed EDM,PMEDM)、线切割(wire EDM,WEDM)、电弧放电加工(ADM)、电解加工(ECM)、磨粒射流切割(abrasive waterjet cutting)、激光切割(laser cutting)用于材料加工和切割,激光辅助磨削(laser-assisted machining)、超声振动辅助加工(ultrasonic-assisted machining)和砂轮在线电解修整磨削(ELID grinding)是提高加工表面质量的传统-特种复合加工方法。

电火花加工(EDM)是一种常用的特种加工方法,加工过程产生温度为12000℃的电流通道,通过电极与工件的熔化和蒸发实现材料去除[126]。Karthikeyan等[127]对体积分数为20%的SiCp/Al复合材料开展EDM实验,结果表明,SiC增强颗粒的体积分数增加导致加工效率(MRR)下降,加工表面粗糙度升高,Dev等[128]也得到了相似结论。Singh等[129]发现表面粗糙度随着间隙电压增大而增加,Seo等[130]的实验结论是低脉冲开启时间和高峰值电流组合将产生更大的刀具磨损、更高的能量和更粗糙的加工表面,高电流将导致更高的材料去除量[131]。SiCp/Al 复合材料 EDM 加工的表面缺陷包括表面粗糙、凹坑、增强颗粒拔出和微裂纹等[132]。通过采取合适的冲洗压力[133]和压缩空气[134]等措施可以提高加工效率。

混粉电火花加工（PMEDM）是在电解液中添加粉体的 EDM 加工[135]，PMEDM 相较于 EDM 可以提高 SiCp/Al 复合材料加工表面质量和加工稳定性[136]，提升加工效率[137]，减小重凝固层[138-139]。

线切割（WEDM）用于 SiCp/Al 复合材料切割，机理是 Al 基体熔化和 SiC 颗粒分解[140]。复合材料的电导率和导热系数低于基体材料，致使加工效率下降[141]，SiC 增强颗粒体积分数增加引起复合材料加工性能下降[142]和加工效率降低[143]。

电弧放电加工（ADM）是采用电弧放电模式的电火花加工，SiCp/Al 复合材料的 ADM 加工效率优于电火花加工[144-145]。

电解加工（ECM）是利用电化学阳极溶解的原理将工件加工成型的特殊加工方法[146]，电流密度是加工表面质量的重要影响因素[147]。Kumar 等[148]发现，对于低体积分数 SiCp/Al 复合材料，采用低电压、中等电极进给速度和高电解质浓度可以获得较高的加工效率。

磨粒射流切割（abrasive waterjet cutting）具有低温和无热影响区优势[149]，其最早用于体积分数为 30% 的 SiCp/Al 复合材料薄板切割，获得了较好的加工表面质量[150]。Srinivas 等[151]通过加工表面 SEM 图，分析 SiCp/Al 复合材料的磨粒射流切割机理是 SiC 增强颗粒脆性断裂和耕犁及 Al 基体的塑性去除，如图 1.11 所示。Srinivas 等[152]指出磨料质量流速率和喷射速度是 SiCp/Al 复合材料磨粒射流切割质量的两个最重要影响因素。

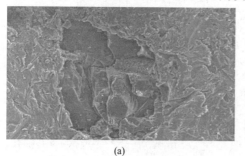 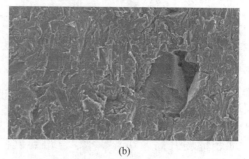

(a)　　　　　　　　　　　　(b)

图 1.11　SiCp/Al 复合材料的磨粒射流切割表面 SEM 图[151]

(a) SiC 增强颗粒脆性域去除；(b) SiC 脆性断裂去除后的孔洞

激光切割（laser cutting）是优势较为显著的粗切割加工方法，加工效率高，但加工表面质量较差，Sharma 等[153-154]指出切割速度、SiC 增强颗粒和弧度是影响 SiCp/Al 复合材料激光切割质量的最主要因素，喷嘴距离对渣滓高度有影响。

激光辅助加工（laser-assisted machining）是利用高功率激光束将切削刃前的工件局部表面加热以改变其微观组织，从而提高材料加工性能[155]。有关 SiCp/Al 复合材料的激光辅助加工研究主要集中于激光辅助车削，与传统车削相比，其可以较大提升 SiCp/Al 复合材料的加工性能，降低刀具磨损[156]，在获得同等加工表面粗糙度的前提下，激光辅助车削可以实现更高的加工效率[157]。

超声振动辅助加工（ultrasonic-assisted machining）是目前 SiCp/Al 复合材料特种加工的研究热点之一，典型应用是超声振动辅助车削[158-159]、超声振动辅助铣削[160-161]、超声振动辅助钻削[162-163]和超声振动辅助磨削[164-167]。与传统车削相比，超声振动辅助车削可以获得更好的加工表面质量和更小的切削力[158-159]。对于超声振动辅助铣削，SiC 增强颗粒的去除形式包括切削、拔出、压入和裂纹开裂，随着其去除形式的增多，表面加工质量有所提高[161]，体积分数为 65% 的 SiCp/Al 复合材料也可以获得较好的加工表面质量[160]。超声振动辅助钻削的定位精度和孔质量得到了提升。超声振动辅助磨削研究主要集中于立轴端面磨削，相较于无超声振动的磨削方式，超声振动辅助磨削可以获得更好的加工表面质量和更小的磨削力[164-167]，Zheng 等[166]给出了体积分数为 45% 的 SiCp/Al 复合材料超声振动辅助磨削获得最小表面粗糙度的工艺参数优化组合，即主轴转速为 15000r/min，振幅为 5μm，切深为 155μm，进给速度为 5mm/min。

砂轮在线电解修整磨削（ELID grinding）是常规磨削工艺应用砂轮在线电解修整技术的加工工艺，可以提高砂轮的加工能力。Shanawaz 等[168]应用 ELID 磨削工艺对低体积分数 SiCp/Al 复合材料进行加工实验，结果表明，当采用低电流脉冲占空比时，可以获得更好的加工表面质量。

1.2.5 SiCp/Al 复合材料磨削去除机理研究进展

SiC 增强颗粒的随机形状、粒径和位置分布、SiC 增强颗粒与 Al 基体的显著物理力学性能差异使 SiCp/Al 复合材料磨削去除机理与单相材料迥然不同，理解 SiCp/Al 复合材料磨削去除机理是提高其磨削质量的必要保障[169]，相关学者努力通过各种途径揭示其材料去除机理。

最初，学者们通过磨削表面形貌及缺陷特征，反演推出 SiCp/Al 复合材料中 SiC 增强颗粒和 Al 基体的去除行为。例如，李万青[170]通过三个典型的相对位置分析了 SiC 增强颗粒在磨粒作用下的材料去除行为，当磨粒的刀尖位于 SiC 增强颗粒的粒径中心以上时，SiC 增强颗粒发生旋转并被压入 Al 基体，加工表面可能出现沟痕；当磨粒的刀尖位于 SiC 增强颗粒的粒径中心附近时，SiC 增强颗粒发生脆性域去除；当磨粒的刀尖位于 SiC 增强颗粒的粒径中心以下时，SiC 增强颗粒被拔出，加工表面出现凹坑。于晓琳[22]根据磨粒相对于工件表面的运动情况分析了材料去除形式，如图 1.12 所示，当磨粒只在 Al 基体切入和切出时，仅为 Al 基体的金属切削去除；当磨粒从 Al 切入和 SiC 切出时，磨粒在 Al-SiC 界面处对 SiC 产生冲击剪切，随着磨粒进一步切削，SiC 的边角发生脆性崩碎，Al-SiC 界面出现部分或全部脱黏，形成 SiC 脆性域去除；当磨粒只在 SiC 增强颗粒切入和切出时，SiC 发生微破碎产生

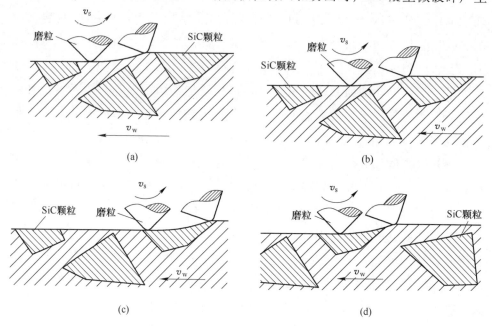

图 1.12　于晓琳推演的 SiCp/Al 复合材料去除过程示意图[22]

(a) 磨粒只在 Al 基体切入和切出；(b) 磨粒从 Al 切入和 SiC 切出；
(c) 磨粒只在 SiC 切入和切出；(d) 磨粒从 SiC 切入和 Al 切出

凹坑；当磨粒从 SiC 切入和 Al 切出时，SiC 破碎程度降低，加工表面质量较好。

磨削由砂轮表面数以万计的磨粒实现材料去除，其过程是极其复杂的，而单颗磨粒是砂轮磨削的最小切削单元，单磨粒划刻实验通常被作为磨削的简化形式用以分析磨削过程中的材料去除机理[171]。单磨粒划刻实验已经广泛应用于脆硬材料磨削的材料去除机理[171-181]和塑性材料磨削的微观去除机理研究[182-189]，应用实例如图 1.13 所示。此后，借鉴上述单磨粒划刻实验的成功经验，单磨粒划刻实验开始被用于 SiCp/Al 复合材料磨削去除机理研究。Feng 等[190]开展了 SiCp/Al 复合材料的单磨粒划刻实验和超声振动辅助单磨粒划刻实验，实验结果表明，单磨粒划刻实验的划刻力更小，但超声振动辅助单磨粒划刻实验的表面质量更好。Zha 等[191]采用了相似的方法探究 SiCp/Al 复合材料磨削与超声振动辅助磨削的材料去除机理，得到了与 Feng 等[190]相同的结论，此外，对划刻与超声振动辅助划刻的 SiCp/Al 复合材料去除机理进行了简单描述和比较。Zheng 等[192]也开展了相似的研究工作并得到了相同的结论，并对划刻与超声振动辅助划刻的 SiC 增强颗粒去除模式进行了研究，超声振动辅助划刻的 SiC 增强颗粒表面完整性更好。Gu 等[193]通过知识向量机建立了 SiCp/Al 复合材料单磨粒划刻的划刻力模型，并通过单磨粒划刻实验进行了验证。Wang 等[194]和 Liu 等[93]通过单磨粒划刻实验探究了 SiCp/Al 复合材料中 SiC 增强颗粒塑性域去除。梁桂强[23]、郑伟[117]

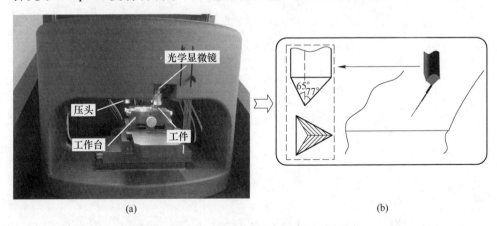

图 1.13 单磨粒划刻实验在脆硬材料磨削去除机理研究中的应用[171]
(a) 实验装置；(b) 示意图

和查慧婷[195]也开展了 SiCp/Al 复合材料的超声振动辅助划刻实验,分析 SiCp/Al 复合材料超声振动辅助磨削的材料去除机制,结果是相似的,在超声振动作用下,SiC 增强颗粒成为细小的颗粒而被去除,SiC 颗粒的去除方式对加工表面质量起着决定性作用。

1.2.6 SiCp/Al 复合材料切削仿真分析研究进展

随着商业有限元软件的成熟和快速发展,数值仿真分析技术被广泛应用于包括机械加工在内的多个领域。因为随机的内部结构和微观力学性能的不一致性,SiCp/Al 复合材料在切削过程中呈现出复杂的材料去除行为,有限元仿真分析可以在微观尺度上更有效地探究 SiCp/Al 复合材料去除行为的动态过程,相关学者已经开始了研究工作。

Zhu 等[196]建立了体积分数为 10% 的 Alumina/Al 6061 复合材料的二维(2D)正交车削的有限元模型,分析了基体和增强颗粒的等效应力、剪切应力和温度分布,基体和增强颗粒界面的剪切应力很大,导致增强颗粒脱黏,模型如图 1.14 所示。关于模型构建:基体和增强颗粒界面模型通过多点固定约束构建,没有实现基体和增强颗粒的弱界面力学特性和增强颗粒的材料去除,没有考虑增强颗粒间的接触。

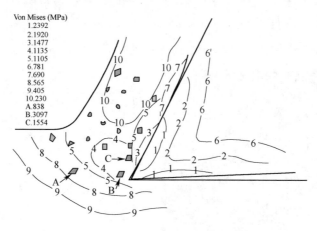

图 1.14 Zhu 等正交切削仿真的等效应力[196]

Pramanik 等[197]通过金属基复合材料 2D 正交切削有限元模型分析了刀具-增强颗粒接触位置对刀具磨损、基体变形和增强颗粒脱黏的影响,如

图1.15所示。关于模型构建:增强颗粒的粒径和位置是规则的、固定的,没有实现基体和增强颗粒的弱界面力学特性,没有考虑增强颗粒间的接触。

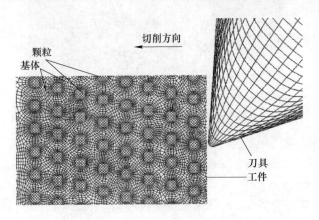

图 1.15　Pramanik 等的 2D 金属基复合材料切削建模[197]

Wang 等[198]建立了 SiCp/Al 复合材料 2D 正交切削有限元模型,如图 1.16 所示,分析了 SiCp/Al 复合材料的加工表面缺陷形成机制。关于模型构建:没有实现基体和增强颗粒的弱界面力学特性,没有考虑增强颗粒间的接触。

图 1.16　Wang 等的 2D SiCp/Al 切削建模[198]

Zhou 等[199]通过 SiCp/Al 复合材料 2D 正交切削有限元模型,研究了加工表面和切出边的形貌,以及不同切削参数条件下的亚表面残余应力,如图 1.17 所示。关于模型构建:没有实现基体和增强颗粒的弱界面力学特性,没有考虑增强颗粒间的接触。

Teng 等[200]通过体积分数为 10% 的 SiCp/Al 复合材料 2D 正交切削有限

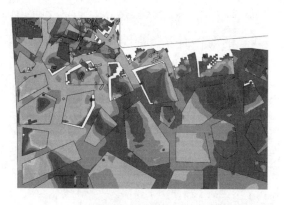

图 1.17　Zhou 等的 2D SiCp/Al 切削建模[199]

元模型,分析增强颗粒粒径(纳米级颗粒和微米级颗粒)对切屑形成和表面形貌的影响,结果表明,相较于微米级颗粒,纳米级颗粒有利于提升加工表面质量,如图 1.18 所示。关于模型构建:增强颗粒的粒径和位置是规则的、固定的,没有实现基体和增强颗粒的弱界面力学特性,没有考虑增强颗粒间的接触。

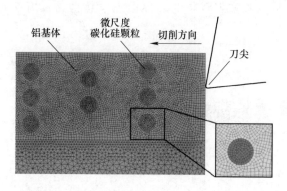

图 1.18　Teng 等的 2D SiCp/Al 切削建模[200]

Wang 等[201]建立了 SiCp/Al 复合材料 3D 正交切削有限元模型,如图 1.19所示,分析了 SiC 增强颗粒去除行为对加工表面创成的影响,结果表明,增强颗粒与刀具的相对位置对 SiC 脆性域去除行为起到重要作用,进而诱发加工表面缺陷。关于模型构建:增强颗粒的粒径和位置是规则的、固定的,没有实现基体和增强颗粒的弱界面力学特性,没有考虑增强颗粒间的接触。

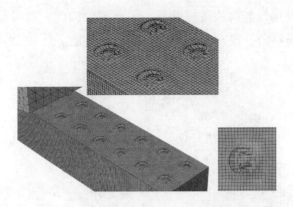

图 1.19　Wang 等的 3D SiCp/Al 切削建模[201]

Umer 等[202]建立了 SiCp/Al 复合材料的两种 2D 正交切削有限元模型（如图 1.20 所示）：一种是 SiC-Al 界面由多点固定约束构建的"焊接"界面模型，另一种是 SiC-Al 界面由内聚单元构建的可失效界面模型。研究结果表明，SiC-Al 界面的内聚行为（可脱黏）对于提高 SiCp/Al 复合材料切削仿真精度是至关重要的。关于模型构建：增强颗粒的粒径和位置是规则的、固定的，没有考虑增强颗粒间的接触。

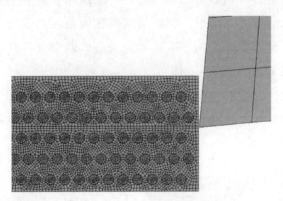

图 1.20　Umer 等的 2D SiCp/Al 切削建模[202]

Ghandehariun 等[203-205]建立了体积分数为 10% 的 SiCp/Al 复合材料的正交切削有限元模型，如图 1.21 所示，模型的 SiC-Al 界面由内聚单元构建，研究结果表明，刀具与磨粒的接触关系是增强颗粒去除行为的决定性因素，切削速度对增强颗粒裂纹萌发有一定影响，但切深仍是材料去除的主要影响因素，其决定刀具与磨粒的接触关系。关于模型构建：增强颗粒的粒径和位置是规则的、固定的，没有考虑增强颗粒间的接触。

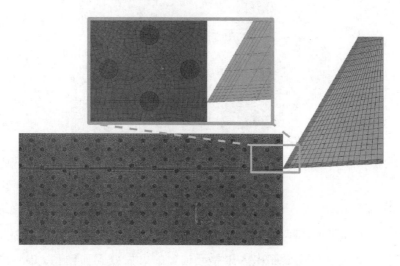

图 1.21　Ghandehariun 等的 2D SiCp/Al 切削建模[203]

梁桂强[23]和郑伟[117]建立了 SiCp/Al 复合材料的 2D 单磨粒超声振动辅助划刻有限元模型，分别如图 1.22 和图 1.23 所示，研究结果表明，增强颗粒在磨粒作用下出现应力集中，磨粒与增强颗粒的相对位置关系是影响增强颗粒去除方式（翻滚压入、局部破碎和完全破碎断裂等）的重要因素，超声振动有利于排屑和减少磨粒-工件接触。关于模型构建：梁桂强的模型只包含一个增强颗粒，且没有考虑 SiC-Al 界面脱黏问题；在郑伟的模型中，增强颗粒的粒径和位置是规则的、固定的，没有考虑增强颗粒相互接触。

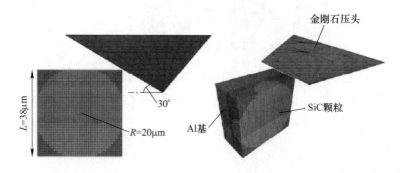

图 1.22　梁桂强 2D SiCp/Al 单颗粒划刻建模[23]

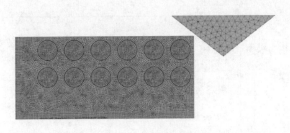

图 1.23 郑伟 2D SiCp/Al 单颗粒划刻建模[117]

根据上述文献，总结增强颗粒金属基复合材料的切削有限元仿真研究现状如表 1.1 所示。

表 1.1 增强颗粒金属基复合材料的切削有限元仿真研究现状

学者	模型类型	增强颗粒建模	增强颗粒-基体界面建模	增强颗粒相互接触
Zhu[196]	2D 微观正交切削	几何模型：多边形，随机粒径和位置 材料模型：— 体积分数：低	通过黏结节点实现"死"连接，不考虑界面脱黏	无
Pramanik[197]	2D 微观正交切削	几何模型：圆，恒定粒径和规则位置 材料模型：无损伤的弹性材料 体积分数：20%	通过黏结节点实现"死"连接，通过 Al 基体失效来代替界面脱黏	无
Wang[198]	2D 微观正交切削	几何模型：圆、多边形，随机粒径和位置 材料模型：无损伤的弹性材料 体积分数：65%	通过黏结节点实现"死"连接，通过 Al 基体失效来代替界面脱黏	无
Zhou[199]	2D 微观正交切削	几何模型：多边形，随机粒径和位置 材料模型：带有脆性裂纹模型的弹性材料 体积分数：55%	通过黏结节点实现"死"连接，不考虑界面脱黏	无

续表 1.1

学者	模型类型	增强颗粒建模	增强颗粒-基体界面建模	增强颗粒相互接触
Teng[200]	2D微观正交切削	几何模型：圆，恒定粒径和规则位置 材料模型：带有脆性裂纹模型的弹性材料 体积分数：10%	通过黏结节点实现"死"连接，不考虑界面脱黏	无
Wang[201]	3D微观正交切削	几何模型：椭圆，恒定粒径和规则位置 材料模型：带有脆性裂纹模型的弹性材料 体积分数：20%	通过黏结节点实现"死"连接，通过Al基体失效来代替界面脱黏	无
Umer[202]	2D微观正交切削	几何模型：圆，恒定粒径和规则位置 材料模型：无损伤的弹性材料 体积分数：20%	通过内聚单元建立界面模型	无
Ghandehariun[203-205]	2D微观正交切削	几何模型：圆，恒定粒径和规则位置 材料模型：带有脆性裂纹模型的弹性材料 体积分数：10%，20%	通过内聚单元建立界面模型	无
梁桂强[23]	2D微观单划刻	几何模型：圆，单一颗粒 材料模型：JHC 体积分数：—	通过黏结节点实现"死"连接，不考虑界面脱黏	无
郑伟[117]	2D微观单划刻	几何模型：圆，恒定粒径和规则位置 材料模型：带有脆性裂纹模型的弹性材料 体积分数：低	通过内聚单元建立界面模型	无

1.2.7 SiCp/Al复合材料加工表面形貌评价方法研究进展

加工表面微观形貌不仅影响摩擦磨损等力学性能，还对导热导电等物理性能产生重要影响[206]。表面微观形貌主要通过表面粗糙度进行评价，金属材料表面微观形貌通常采用二维表面粗糙度 R_a 作为评定标准[207]。依据目前可以获取的文献分析，SiCp/Al 复合材料加工主要集中在中低体积分数复合材料，较少分布的 SiC 增强颗粒没有诱发很严重的加工表面缺陷，绝大多数学者采用二维表面粗糙度作为加工表面形貌评价指标，主要是 R_a[29,50,70,208-211]。然而，随着高体积分数 SiCp/Al 复合材料逐渐被广泛应用，高体积分数 SiCp/Al 复合材料加工已经成为新的研究热点，以 R_a 为代表的二维表面粗糙度不能准确反映高体积分数 SiCp/Al 复合材料加工表面微观形貌，因为高密度分布和较大粒径的 SiC 增强颗粒导致 SiCp/Al 复合材料加工表面出现大量且较严重的缺陷，二维表面粗糙度丢失许多表面形貌信息，因此，三维表面粗糙度成为高体积分数 SiCp/Al 复合材料加工表面形貌评价的更有效指标[22]。

王阳俊[212]对 SiCp/Al 复合材料铣削加工表面的二维和三维表面粗糙度进行对比分析，结果表明，不同位置的二维表面粗糙度数值差异较大，而三维表面粗糙度数值比较稳定，说明三维表面粗糙度更适合 SiCp/Al 复合材料加工表面形貌评价，例如 S_q。

Wang 等[97]对高体积分数 SiCp/Al 复合材料铣削加工表面的二维表面粗糙度（R_a 和 R_z）和三维表面粗糙度（S_a 和 S_q）进行对比分析，结果表明，三维表面粗糙度具有更好的适用性，S_q 比 S_a 更具优势。

于晓琳[22]和郑伟[117]主要采用三维表面粗糙度 S_q 作为表面形貌评价指标，分析了加工参数对表面形貌的影响规律。梁桂强[23]和周力[119]采用了多个三维表面粗糙度指标作为表面形貌评价指标，例如 S_a、S_q、S_z、S_{sk}、S_{ku}、S_{dr} 和 S_p 等，虽然多个表面粗糙度能更全面评价加工表面形貌，但是过多的指标导致实际操作困难，无法高效地分析加工工艺参数对加工表面形貌的影响。

1.2.8 SiCp/Al复合材料加工亚表面损伤研究进展

SiCp/Al 复合材料含有硬脆 SiC 颗粒，其在刀具、砂轮磨粒作用下发生脆性断裂,裂纹延伸到已加工表面以下,同时 SiC 颗粒发生偏转和移动,SiC 相互冲击碰撞也将诱发亚表面的 SiC 颗粒发生脆性断裂或破碎等缺陷,即加工亚表面损伤,对于高体积分数 SiCp/Al 复合材料而言,加工亚表面损伤更严重。目前,SiCp/Al 复合材料加工亚表面损伤研究处于初始阶段,相关研究很少。

Wu 等[213]通过一张 SiCp/Al 复合材料加工表面的横截面显微结构图(见图1.24),分析了加工亚表面损伤的成因,即在刀具切削刃的挤压作用下,加工表面以下的一些 SiC 颗粒发生脆性断裂而形成亚表面损伤。Dandekar[214]指出 SiCp/Al 复合材料加工亚表面损伤的形式是 SiC 颗粒脱黏和部分脆断、裂纹,如图1.25所示。Dong 等[25]通过加工表面的横截面显微结构(见图1.26),分析了普通磨削与超声振动辅助磨削对加工亚表面损伤的影响,结果表明,超声振动辅助磨削产生的加工亚表面损伤程度更小。

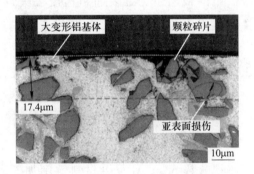

图1.24 Wu 等 SiCp/Al 加工表面的横截面[213]

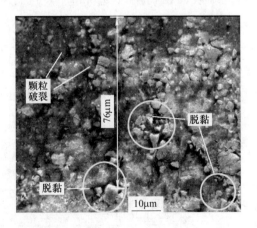

图1.25 Dandekar 等 SiCp/Al 加工表面的横截面[214]

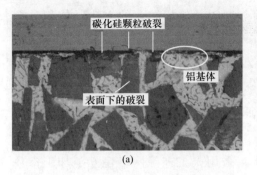 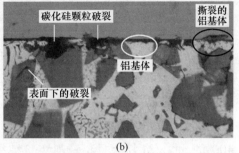

图 1.26 Dong 等 SiCp/Al 加工表面的横截面[25]

(a) 普通磨削；(b) 超声振动辅助磨削

1.2.9 SiCp/Al 复合材料加工工艺优化研究进展

在实际加工应用中，通常要考虑两个相互冲突的优化目标，即最佳加工质量和最大生产率。目前，对于 SiCp/Al 复合材料加工工艺优化研究，单目标优化主要使用传统的田口实验与方差分析、响应面相结合的方法，多目标优化主要采用田口实验与响应面和灰色关联度相结合的方法，材料集中于中低体积分数 SiCp/Al 复合材料，实验大多进行 9~30 组。

例如，Sharma[57] 对质量分数为 10% 的 SiCp/Al 复合材料开展了 28 组车削实验，通过响应面法构建表面粗糙度模型，实现了表面粗糙度极小化的单目标优化。Manna 等[215] 采用田口实验和响应面相结合的方法对体积分数为 20% 的 SiCp/Al 复合材料车削的刀具磨损实施了单目标优化。Palanikumar 等[216] 采用田口实验和响应面相结合的方法对体积分数为 20% 的 SiCp/Al 复合材料车削的表面粗糙度实施了单目标优化。

H. Singh 等[217]、S. Singh 等[218]、Babu 等[219] 和 Haq 等[220] 采用田口实验与响应面和灰色关联度相结合的方法分别对体积分数为 10%~20% 的 SiCp/Al 复合材料钻削实施了多目标优化。Bhushan 等[221] 采用田口实验与响应面和灰色关联度相结合的方法对体积分数为 15% 的 SiCp/Al 复合材料车削实施了多目标优化。Ramanujam[222] 和 Bhushan[223] 采用田口实验与期望函数相结合的方法对体积分数为 15% 的 SiCp/Al 复合材料车削实施了多目标优化。Ramanujam 等[224] 采用田口实验和方差分析及响应面相结合的方法对体积分数为 10% 的 SiCp/Al 复合材料车削实施了加工表面质量和比功率的多目标优化。Pai 等[225]采用中心复合实验与期望函数相结合的方法对体积分数为 35% 的 SiCp/Al 复合材料磨削实施了多目标优化。

此外，智能计算技术应用于 SiCp/Al 复合材料加工工艺优化。Bhushan 等[226]采用响应面法建立了质量分数为 10% 的 SiCp/Al 复合材料车削实验结果表面粗糙度回归模型，应用遗传算法进行求解，相较于回归模型分析和期望值分析，遗传算法求解的精度更高。Karako 等[33]基于 27 组体积分数为 40% 的 SiCp/Al 复合材料铣削实验结果，采用人工神经网络建立了加工参数与表面粗糙度的映射预测模型，相较于响应面回归模型，人工神经网络预测模型的精度更高。Tamang 等[227]基于 30 组质量分数为 20% 的 SiCp/Al 复合材料车削实验结果，采用人工神经网络建立了加工参数-表面粗糙度、加工参数-刀具磨损量的映射预测模型，并应用遗传算法求解表面粗糙度和刀具磨损量的多目标优化问题，结果表明，相较于传统的响应面模型和期望值函数求解方法，人工神经网络-遗传算法的多目标优化求解精度更高。Karthikeyan 等[228]对体积分数为 5%~25% 的 SiCp/Al 复合材料钻削的表面粗糙度和刀具磨损采用模糊逻辑与遗传算法进行预测模型构建和多目标优化求解，取得了较好的效果，文献中没有明确给出实验的组数。Dhavamani 等[229]基于 27 组质量分数为 10%~20% 的 SiCp/Al 复合材料钻削实验结果，采用响应面法建立了表面粗糙度和刀具磨损的回归模型，应用遗传算法进行多目标优化求解。Muthukrishnan 等[60]基于 12 组体积分数为 20% 的 SiCp/Al 复合材料铣削实验结果，采用人工神经网络建立了加工参数与表面粗糙度的映射模型。

2 高体积分数 SiCp/Al 复合材料磨削细观力学行为及材料去除机理

高体积分数 SiCp/Al 复合材料是典型的难加工材料。其由硬脆 SiC 增强颗粒和软塑 Al 基体构成,大量 SiC 增强颗粒以粒径和位置随机的方式分布在 Al 基体内,且 SiC 增强颗粒和 Al 基体具有显著的物理力学性能差异,致使高体积分数 SiCp/Al 复合材料磨削去除机理与单相材料迥然不同,加工表面质量难以保证。理解高体积分数 SiCp/Al 复合材料磨削去除机理是抑制加工缺陷和提高加工表面质量的基础。本章通过磨粒作用下的 SiCp/Al 复合材料细观力学行为理论分析、基于单磨粒划刻实验的高体积分数 SiCp/Al 复合材料去除机理研究和高体积分数 SiCp/Al 复合材料磨削去除的三维微观有限元仿真分析,系统地探究高体积分数 SiCp/Al 复合材料去除机理。

2.1 SiCp/Al 复合材料磨削细观力学行为研究

SiCp/Al 复合材料磨削去除涉及硬脆增强颗粒的破碎/断裂去除、软塑金属基体的塑性去除及扭曲变形和增强颗粒-金属基体界面裂纹及脱黏等,进而演化为加工表面和亚表面的加工损伤。这些现象主要是由增强颗粒的脆性去除特性以及其与金属基体的显著物理力学性能差异诱发的,增强颗粒和金属基体在机械加工过程中产生不同的位移量和变形量,增强颗粒在金属基体内部产生相对位移,继而形成位错现象,对复合材料加工去除行为和加工损伤形成具有重要影响。所以,在细观尺度研究 SiCp/Al 复合材料的增强颗粒受力、运动和去除行为是非常必要的。

2.1.1 磨粒作用下的单增强颗粒受力模型

本书在细观尺度以复合材料力学的等效单元理论为基础,取材料的一等效单元为研究对象,该单元包含单个增强颗粒、周围等效均质材料及界面。包含单个增强颗粒的金属基复合材料等效单元受力模型如图 2.1 所示,增强

颗粒受到磨粒切削作用,并受到周围材料提供的支撑力和界面黏结力(内聚力),其中,周围材料视为金属基体与增强颗粒组成的等效均质材料,增强颗粒简化为圆,金刚石磨粒简化为圆锥体,将金刚石磨粒视为刚体。如图 2.1 所示,单增强颗粒的受力模型定义于坐标系 xOy,x 轴为沿增强颗粒法向的坐标方向,即垂直于磨粒母线方向;y 轴为沿增强颗粒切向的坐标方向,即平行于磨粒母线方向;O 为坐标系原点,即增强颗粒中心位置;O' 为初始状态下(未受磨粒作用)增强颗粒中心位置;增强颗粒在磨削力作用下沿 x 轴方向的位移量 $s = |O'O|$。在几何关系中,磨粒与复合材料未加工表面的接触位置为 C 点,磨粒与增强颗粒的接触点为 A 点,磨粒顶点为 B 点,增强颗粒背部支撑侧为 $\overparen{GF}$,增强颗粒迎面切割侧为 $\overparen{GAF}$。解析过程涉及的主要符号含义如表 2.1 所示。

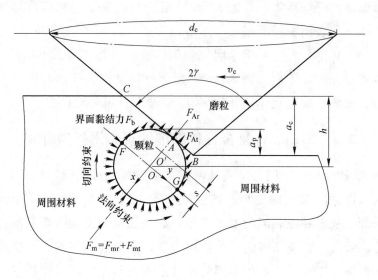

图 2.1 单增强颗粒受力模型

磨粒作用于增强颗粒的磨削力分解为沿增强颗粒法向(坐标 x 轴方向,即垂直于磨粒母线方向)的分量 F_{Ar} 和增强颗粒切向(坐标 y 轴方向,即沿磨粒母线方向)的分量 F_{At},其中 F_{Ar} 是正压力,F_{At} 是摩擦力。在增强颗粒未完全脱黏的前提下,增强颗粒在磨粒的作用下,将沿着 x 轴方向移动,进而压缩周围材料,导致增强颗粒背部支撑侧的材料对增强颗粒施加法向约束和切向约束,法向约束的合力(沿 x 轴方向)表示为 F_{mr},切向约束的合力

（沿 y 轴方向）表示为 F_{mt}，二者的总合力表示为 F_m，同时，增强颗粒的迎面切割侧界面对增强颗粒具有黏结作用，界面黏结力表示为 F_b。

表 2.1 单增强颗粒受力模型的符号含义

符号	含 义	符号	含 义
F_{Ar}	作用于增强颗粒的磨削力在颗粒法向的分量	r	增强颗粒半径
F_{At}	作用于增强颗粒的磨削力在颗粒切向的分量	2γ	磨粒的圆锥角
F_{mr}	周围材料对增强颗粒的法向约束合力，沿 x 轴方向	d_c	磨粒底面直径
F_{mt}	周围材料对增强颗粒的切向约束合力，沿 y 轴方向	v_c	磨削速度
F_m	周围材料对增强颗粒产生的总约束力	a_c	磨削深度
F_b	界面对增强颗粒的黏结力	a_p	复合材料中某个特定增强颗粒的磨削深度
k_b	界面的等效模量	a_{p0}	初始状态下（未受磨粒作用），复合材料中某个特定增强颗粒的磨削深度
E_m^*	周围等效均质材料的弹性模量	h	增强颗粒中心与未加工材料表面的距离
s	增强颗粒在磨削力作用下沿 x 轴方向的位移量 $s=\|O'O\|$，也是周围材料沿 x 轴方向的受迫压缩变形量	h_0	初始状态下（未受磨粒作用），增强颗粒中心与未加工材料表面的距离
s_y	周围材料沿 y 轴方向的受迫压缩变形量	O	增强颗粒中心位置，坐标系原点
p_x	周围材料沿 x 轴方向作用在增强颗粒微单元的压力分量	O'	初始状态下（未受磨粒作用），增强颗粒中心位置
p_y	周围材料沿 y 轴方向作用在增强颗粒微单元的压力分量	x	沿增强颗粒法向的坐标方向，即垂直于磨粒母线方向
α	增强颗粒与周围材料的摩擦因数	y	沿增强颗粒切向的坐标方向，即平行于磨粒母线方向
β	磨粒与增强颗粒的摩擦因数	τ_x	增强颗粒背部支撑侧界面的微单元通过摩擦力传递的约束力（x 轴方向）

首先，分析法向约束的合力 F_{mr}（沿 x 轴方向），如图 2.2 所示。其中，周围材料沿 x 轴方向作用在增强颗粒微单元的压力分量 p_x，是由周围材料沿

x 轴方向受迫压缩变形引起的,即

$$p_x = E_m^* s \tag{2.1}$$

式中　p_x——周围材料沿 x 轴方向作用在增强颗粒微单元的压力分量;

　　　E_m^*——周围等效均质材料的弹性模量;

　　　s——周围材料沿 x 轴方向的受迫压缩量,即增强颗粒的 x 轴方向位移量。

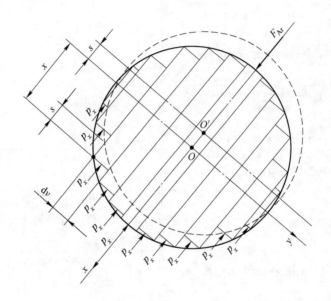

图 2.2　增强颗粒法向约束力的微单元受力模型

则周围材料施加的法向约束作用在增强颗粒微单元体 dy 上的合力为

$$dF = \pi x p_x dy \tag{2.2}$$

$$x = \sqrt{r^2 - y^2} \tag{2.3}$$

式中　r——增强颗粒半径。

将式(2.1)和式(2.3)代入式(2.2),得

$$dF = \pi E_m^* s \sqrt{r^2 - y^2} dy \tag{2.4}$$

对式(2.4)积分,得到 $0 \to y$ 的法向约束合力为

$$F_{0 \to y} = \frac{1}{2} \pi E_m^* s r^2 \left[\frac{y}{r} \sqrt{1 - \left(\frac{y}{r}\right)^2} + \arcsin\left(\frac{y}{r}\right) \right] \tag{2.5}$$

则法向约束合力(沿 x 轴方向)为

$$F_{mr} = 2F_{0 \to y} = \frac{1}{2}\pi^2 E_m^* r^2 s \tag{2.6}$$

其次，分析切向约束合力 F_{mt}（沿 y 轴方向），如图 2.3 所示。周围材料沿 y 轴方向作用在增强颗粒微单元的压力分量 p_y，是由周围材料在 y 轴方向受迫压缩变形引起的，周围材料沿 y 轴方向的受迫压缩变形量 s_y 为

$$\begin{cases} s_y = \sqrt{r^2 - x^2} - \sqrt{r^2 - (x+s)^2} & (0 \leq x \leq r-s) \\ s_y = \sqrt{r^2 - x^2} & (r-s \leq x \leq r) \end{cases} \tag{2.7}$$

则周围材料作用在增强颗粒微单元的压力沿 y 轴方向的分力 p_y 为

$$\begin{cases} p_y = E_m^* s_y = E_m^* \left[\sqrt{r^2 - x^2} - \sqrt{r^2 - (x+s)^2} \right] & (0 \leq x \leq r-s) \\ p_y = E_m^* s_y = E_m^* \sqrt{r^2 - x^2} & (r-s < x \leq r) \end{cases}$$
$$\tag{2.8}$$

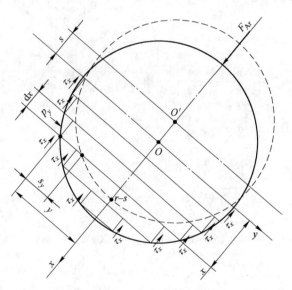

图 2.3 增强颗粒切向约束力的微单元受力模型

增强颗粒背部支撑侧界面的微单元通过摩擦力传递的约束力 τ_x（沿 x 轴方向）为

$$\begin{cases} \tau_x = p_y \alpha = E_m^* s_y \alpha = E_m^* \alpha \left[\sqrt{r^2 - x^2} - \sqrt{r^2 - (x+s)^2} \right] & (0 \leq x \leq r-s) \\ \tau_x = p_y \alpha = E_m^* s_y \alpha = E_m^* \alpha \sqrt{r^2 - x^2} & (r-s < x \leq r) \end{cases}$$
$$\tag{2.9}$$

式中 α——增强颗粒与周围材料的摩擦因数。

则周围材料的切向约束作用在增强颗粒微单元体 $\mathrm{d}x$ 的合力为

$$\mathrm{d}F = 2\pi y \tau_x \mathrm{d}x \tag{2.10}$$

$$y = \sqrt{r^2 - x^2} \tag{2.11}$$

式中 r——增强颗粒半径。

将式（2.9）和式（2.11）代入式（2.10），得

$$\begin{cases} \mathrm{d}F = 2\pi E_m^* \alpha \sqrt{r^2 - x^2} \left[\sqrt{r^2 - x^2} - \sqrt{r^2 - (x+s)^2} \right] \mathrm{d}x & (0 \leqslant x \leqslant r-s) \\ \mathrm{d}F = 2\pi E_m^* \alpha (r^2 - x^2) & (r-s < x \leqslant r) \end{cases} \tag{2.12}$$

对式（2.12）积分，得到 $0 \to x$ 的切向约束合力，即当 $0 \leqslant x \leqslant r-s$ 时，

$$\begin{aligned} F_{0 \to x} &= \int_0^x 2\pi E_m^* \alpha \left[(r^2 - x^2) - \sqrt{r^2 - x^2} \sqrt{r^2 - (x+s)^2} \right] \mathrm{d}x \\ &= \int_0^x 2\pi E_m^* \alpha (r^2 - x^2) \mathrm{d}x - \int_0^x 2\pi E_m^* \alpha \sqrt{r^2 - x^2} \sqrt{r^2 - (x+s)^2} \mathrm{d}x \\ &= 2\pi E_m^* \alpha \left(r^2 x - \frac{1}{3} x^3 \right) \Big|_0^x - \int_0^x 2\pi E_m^* \alpha \sqrt{r^2 - x^2} \sqrt{r^2 - (x+s)^2} \mathrm{d}x \\ &= 2\pi E_m^* \alpha \left(r^2 x - \frac{1}{3} x^3 \right) \Big|_0^x - F^F \end{aligned} \tag{2.13}$$

对式（2.13）中的 F^F 进行求解，

$$F^F = \int_0^x 2\pi E_m^* \alpha \sqrt{r^2 - x^2} \sqrt{r^2 - (x+s)^2} \mathrm{d}x \tag{2.14}$$

令 $x = r\cos\theta$，其中，$\arccos\left(\dfrac{x}{r}\right) \leqslant \theta \leqslant 90°$。

则式（2.14）变为

$$\begin{aligned} F^F &= \int_0^{\arccos\left(\frac{x}{r}\right)} 2\pi E_m^* \alpha r^2 \sin\theta \sqrt{1 - \left(\cos\theta + \frac{x}{r}\right)^2} \mathrm{d}(\cos\theta) \\ &= -\pi E_m^* \alpha r^2 \left[\left(\cos\theta + \frac{x}{r}\right) \sqrt{1 - \left(\cos\theta + \frac{x}{r}\right)^2} + \right. \\ &\quad \left. \arcsin\left(\cos\theta + \frac{x}{r}\right) \right] \Big|_0^{\arccos\left(\frac{x}{r}\right)} \end{aligned} \tag{2.15}$$

将式（2.15）代入式（2.13）得

$$F_{0\to x} = 2\pi E_m^* \alpha \left(r^2 x - \frac{1}{3}x^3\right)\bigg|_0^x + \pi E_m^* \alpha r^2$$

$$\left[\left(\cos\theta + \frac{x}{r}\right)\sqrt{1 - \left(\cos\theta + \frac{x}{r}\right)^2} + \arcsin\left(\cos\theta + \frac{x}{r}\right)\right]\bigg|_{\arccos\left(\frac{x}{r}\right)}^{90°}$$

$$= 2\pi E_m^* \alpha \left(r^2 x - \frac{1}{3}x^3\right) + \pi E_m^* \alpha r^2 \left[\frac{s}{r}\sqrt{1 - \left(\frac{s}{r}\right)^2} + \arcsin\left(\frac{s}{r}\right) - \right.$$

$$\left. \frac{x+s}{r}\sqrt{1 - \left(\frac{x+s}{r}\right)^2} - \arcsin\left(\frac{x+s}{r}\right)\right] \quad (0 \leqslant x \leqslant r - s) \quad (2.16)$$

当 $r - s < x \leqslant r$ 时,

$$F_{0\to x} = \left\{2\pi E_m^* \alpha \left(r^2 x - \frac{1}{3}x^3\right) + \pi E_m^* \alpha r^2 \left[\frac{s}{r}\sqrt{1 - \left(\frac{s}{r}\right)^2} + \right.\right.$$

$$\left.\left.\arcsin\left(\frac{s}{r}\right)\sqrt{1 - \left(\frac{x+s}{r}\right)^2} - \arcsin\left(\frac{x+s}{r}\right)\right]\right\}\bigg|_{r-s}^x +$$

$$\int_{r-s}^{x} 2\pi E_m^* \alpha (r^2 - x^2) \, dx$$

$$= 2\pi E_m^* \alpha \left(r^2 x - \frac{1}{3}x^3\right) + \pi E_m^* \alpha r^2 \left[\frac{s}{r}\sqrt{1 - \left(\frac{s}{r}\right)^2} + \right.$$

$$\left.\arcsin\left(\frac{s}{r}\right) - \frac{\pi}{2}\right] \quad (r - s < x \leqslant r) \quad (2.17)$$

则由式 (2.16) 和式 (2.17) 得,

$$\begin{cases} F_{0\to x} = 2\pi E_m^* \alpha \left(r^2 x - \frac{1}{3}x^3\right) + \pi E_m^* \alpha r^2 \left[\frac{s}{r}\sqrt{1 - \left(\frac{s}{r}\right)^2} + \right. \\ \left. \arcsin\left(\frac{s}{r}\right) - \frac{x+s}{r}\sqrt{1 - \left(\frac{x+s}{r}\right)^2} - \arcsin\left(\frac{x+s}{r}\right)\right] \\ (0 \leqslant x \leqslant r - s) \\ F_{0\to x} = 2\pi E_m^* \alpha \left(r^2 x - \frac{1}{3}x^3\right) + \pi E_m^* \alpha r^2 \left[\frac{s}{r}\sqrt{1 - \left(\frac{s}{r}\right)^2} + \right. \\ \left. \arcsin\left(\frac{s}{r}\right) - \frac{\pi}{2}\right] \quad (r - s < x \leqslant r) \end{cases} \quad (2.18)$$

由式 (2.18) 可得切向约束合力 (沿 y 轴方向), 即

$$F_{\mathrm{mt}} = F_{0 \to r} = \frac{4}{3}\pi E_{\mathrm{m}}^{*}\alpha r^{3} + \pi E_{\mathrm{m}}^{*}\alpha r^{2}\left[\frac{s}{r}\sqrt{1-\left(\frac{s}{r}\right)^{2}} + \arcsin\left(\frac{s}{r}\right) - \frac{\pi}{2}\right] \tag{2.19}$$

然后，分析界面对增强颗粒的黏结力 F_{b}。在界面未达到脱黏条件下，增强颗粒迎面切割侧界面对增强颗粒具有黏结作用，可得 $-x \to 0$ 的界面黏结力，即

$$F_{-x \to 0} = -\int_{-x}^{0} 2\pi y \cdot k_{\mathrm{b}} s \mathrm{d}x \tag{2.20}$$

式中　k_{b}——界面等效模量。

$$y = \sqrt{r^{2} - x^{2}} \tag{2.21}$$

将式（2.21）代入式（2.20），得

$$\begin{aligned}
F_{-x \to 0} &= -\int_{-x}^{0} 2\pi k_{\mathrm{b}} s \sqrt{r^{2} - x^{2}} \mathrm{d}x \\
&= -\pi k_{\mathrm{b}} s r^{2}\left[\left(\frac{x}{r}\right)\sqrt{1-\left(\frac{x}{r}\right)^{2}} + \arcsin\left(\frac{x}{r}\right)\right]\Bigg|_{-x}^{0} \\
&= \pi k_{\mathrm{b}} s r^{2}\left[\left(\frac{x}{r}\right)\sqrt{1-\left(\frac{x}{r}\right)^{2}} + \arcsin\left(\frac{x}{r}\right)\right]
\end{aligned} \tag{2.22}$$

则由式（2.22）可知，在界面未达到脱黏条件下，界面对增强颗粒的黏结力 F_{b} 为

$$F_{\mathrm{b}} = F_{-r \to 0} = \frac{1}{2}\pi^{2} k_{\mathrm{b}} r^{2} s \tag{2.23}$$

最后，在增强颗粒迎面切割侧的界面未达到脱黏条件下，建立单增强颗粒的力平衡方程：

$$F_{\mathrm{mr}} + F_{\mathrm{mt}} + F_{\mathrm{b}} = F_{\mathrm{Ar}} \tag{2.24}$$

将式（2.6）、式（2.19）和式（2.23）代入式（2.24），可得

$$F_{\mathrm{Ar}} = \frac{\pi^{2} E_{\mathrm{m}}^{*} r^{2} s}{2} + \frac{4}{3}\pi E_{\mathrm{m}}^{*}\alpha r^{3} + \pi E_{\mathrm{m}}^{*}\alpha r^{2}\left[\frac{s}{r}\sqrt{1-\left(\frac{s}{r}\right)^{2}} + \arcsin\left(\frac{s}{r}\right) - \frac{\pi}{2}\right] + \frac{1}{2}\pi^{2} k_{\mathrm{b}} r^{2} s \tag{2.25}$$

2.1.2　磨粒作用下的单增强颗粒受力和运动及去除行为分析

由图 2.1 和第 2.1.1 节的单增强颗粒受力模型可知，在磨粒刚接触增强

颗粒时，增强颗粒中心位于 O'，设增强颗粒中心与未加工材料表面的距离 $h = h_0$ 及增强颗粒的磨削深度 $a_p = a_{p0}$，磨粒对增强颗粒施加正压力 F_{Ar}（坐标 x 轴方向，即垂直于磨粒母线方向）和摩擦力 F_{At}（坐标 y 轴方向，即沿磨粒母线方向），增强颗粒背部支撑侧 $\overset{\frown}{GF}$ 的周围材料对增强颗粒提供法向约束 F_{mr} 和切向约束 F_{mt}，增强颗粒迎面切割侧 $\overset{\frown}{GAF}$ 界面施加黏结力 F_b。

根据磨粒与增强颗粒刚接触时的状态，将单增强颗粒在磨削力作用下的运动状态分为两种情况进行讨论：情况一，如图 2.4（a）所示，当增强颗粒中心与未加工材料表面的距离 $h_0 \geq r\sin\gamma$ 时，磨粒与增强颗粒的接触点为二者的切点，磨粒对增强颗粒的初始正压力 F_{Ar} 垂直于磨粒母线且指向增强颗粒中心 O，增强颗粒在 F_{Ar} 作用下只有平动趋势；情况二，如图 2.4（b）所示，当增强颗粒中心与未加工材料表面的距离 $h_0 < r\sin\gamma$ 时，磨粒与增强颗粒的接触点不是二者的切点，磨粒对增强颗粒的初始正压力 F_{Ar} 只垂直于磨粒母线，而不指向增强颗粒中心 O，F_{Ar} 的转矩力臂是 l，增强颗粒在 F_{Ar} 作用下有平面移动和转动的趋势。对于 $h_0 < r\sin\gamma$ 的增强颗粒，在增强颗粒破碎或塑性域去除前发生转动的条件是：

$$F_{Ar}l > F_{mt}r \tag{2.26}$$

式中　l——F_{Ar} 的转矩力臂。

$$l = r\sin\left[\gamma - \arcsin\left(\frac{h_0}{r}\right)\right] \tag{2.27}$$

对磨粒作用下的单增强颗粒受力、运动和材料去除行为，按 4 种情况进行分析：

（1）当增强颗粒界面未脱黏且增强颗粒未发生转动时，增强颗粒的受力和运动情况如下：在磨粒正压力 F_{Ar} 作用下，增强颗粒由初始位置 O' 沿着 x 轴方向移动，$O' \rightarrow O$，$s = |O'O|$，增强颗粒与磨粒的接触点 A 沿着磨粒母线下移，逐渐接近磨粒顶点 B，由图 2.5 可知，增强颗粒中心与未加工材料表面的距离 h 和增强颗粒磨削深度 a_p 及增强颗粒沿 x 轴方向位移 s 的关系分别如下：

$$\begin{cases} h = h_0 + \Delta h = h_0 + s\sin\gamma \\ a_p = a_{p0} - \Delta h = a_{p0} - s\sin\gamma \end{cases} \tag{2.28}$$

由式（2.28）可知，增强颗粒中心与未加工材料表面的距离 h 随着增强颗粒

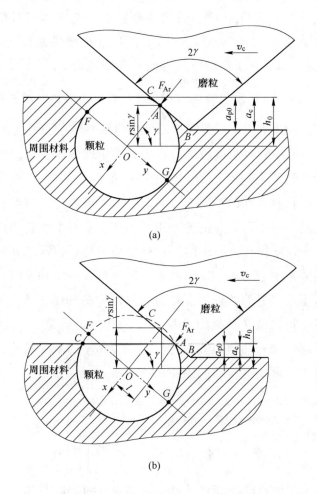

图 2.4 刚接触时磨粒对增强颗粒施加的正压力 F_{Ar} 示意图

(a) $h_0 \geqslant r\sin\gamma$; (b) $h_0 < r\sin\gamma$

沿 x 轴方向位移 s 增加而增大,增强颗粒的磨削深度 a_p 随着增强颗粒沿 x 轴方向位移 s 增加而减小。

在增强颗粒沿 x 轴方向移动($O' \to O$)过程中,s 增大,颗粒背部支撑侧 $\overset{\frown}{GF}$ 的周围材料受压缩量增大,由式(2.6)和式(2.19)可知,法向约束 F_{mr} 和切向约束 F_{mt} 由此增大,同时,在增强颗粒迎面切割侧 $\overset{\frown}{GAF}$ 界面处,由于增强颗粒与金属基体的位错效应增强,由式(2.23)可知,$\overset{\frown}{GAF}$ 界面的黏结力 F_b 增大。根据式(2.25)可知,随着增强颗粒沿 x 轴方向的位移 s 增

大,磨粒对增强颗粒施加的正压力 F_{Ar} 逐渐增大。因为:

$$F_{At} = \beta F_{Ar} \tag{2.29}$$

式中 β ——磨粒与增强颗粒的摩擦因数。

所以,随着增强颗粒沿 x 轴方向的位移 s 增大,磨粒对增强颗粒施加的摩擦力 F_{At} 逐渐增大。

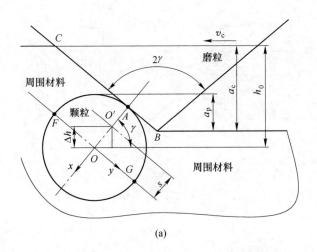

(a)

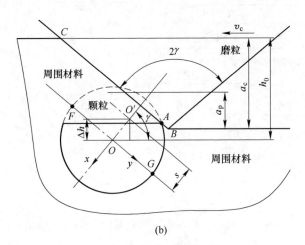

(b)

图 2.5 未发生转动的增强颗粒位移模型

(a) $h_0 \geqslant r\sin\gamma$; (b) $h_0 < r\sin\gamma$

(2) 当增强颗粒界面脱黏但增强颗粒未发生转动时,增强颗粒的受力情况如下:在磨粒正压力 F_{Ar} 作用下,随着增强颗粒沿着 x 轴方向位移 $s =$

$|O'O|$ 增大，增强颗粒迎面切割侧 $\widehat{GAF}$ 界面的位错现象进一步加剧，当 s 达到界面损伤萌发的临界值时，该界面初始损伤萌发，随着 s 增大，界面损伤进一步演化扩散，最终 $\widehat{GAF}$ 界面失效，失去对增强颗粒的黏结作用，即 $F_b = 0$，增强颗粒迎面切割侧 $\widehat{GAF}$ 与金属基体逐渐分离，如图 2.6 所示。

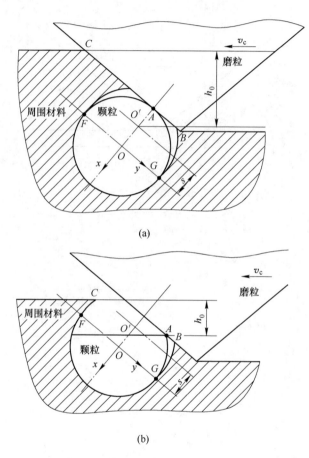

图 2.6 增强颗粒迎面切割侧 $\widehat{GAF}$ 界面失效模型
(a) $h_0 \geqslant r\sin\gamma$ (b) $h_0 < r\sin\gamma$

（3）当增强颗粒未发生转动时，增强颗粒的受力、运动和去除行为如下：随着增强颗粒沿 x 轴方向位移 $s = |O'O|$ 增大，当磨粒施加的正压力 F_{Ar} 达到增强颗粒脆性断裂或塑性域去除的临界压力 $[F]$ 时，增强颗粒实现材料去除，该临界压力与增强颗粒脆性断裂或塑性域去除时的磨削深度 a_p 有关，

2.1 SiCp/Al复合材料磨削细观力学行为研究

即 $[F] = f(a_p)$。由文献 [230] 可知，即如图2.7所示的划痕试验的载荷-划痕深度曲线，增强颗粒脆性断裂或塑性域去除的临界压力 $[F]$ 与磨削深度 a_p 存在近似线性关系，二者可建立如下关系：

$$F_{Ar} = [F] = ca_p \tag{2.30}$$

式中 c ——SiC 去除时磨削力与磨削深度的比例常数，其与磨粒的形状、尺寸等有关。

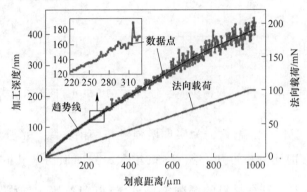

图2.7 SiC 划痕试验的载荷-划痕深度曲线[230]

在该阶段，增强颗粒中心 O 位置保持恒定，即增强颗粒保持受力和位移的平衡状态。当增强颗粒材料去除发生时，增强颗粒位移量 s 与增强颗粒初始磨削深度 a_{p0} 的关系式可由式（2.25）、式（2.28）和式（2.30）得出：

$$\frac{\pi^2 E_m^* r^2 s}{2} + \frac{4}{3}\pi E_m^* \alpha r^3 + \pi E_m^* \alpha r^2 \left[\frac{s}{r}\sqrt{1-\left(\frac{s}{r}\right)^2} + \arcsin\left(\frac{s}{r}\right) - \frac{\pi}{2}\right] + \frac{1}{2}\pi^2 k_b r^2 s$$

$$= c(a_{p0} - s\sin\gamma)\frac{\pi^2 E_m^* r^2 s}{2} + \pi E_m^* \alpha r^2 \left[\frac{s}{r}\sqrt{1-\left(\frac{s}{r}\right)^2} + \arcsin\left(\frac{s}{r}\right) \right] + \frac{1}{2}\pi^2 k_b r^2 s + c\sin\gamma s$$

$$= ca_{p0} + \frac{\pi^2}{2}E_m^* r^2 - \frac{4}{3}\pi E_m^* \alpha r^3 \tag{2.31}$$

对于特定的复合材料和磨粒，式（2.31）中 a_{p0} 和 s 是变量，其他量均是常量，试取 $E_m^* = 0.29$，$r = 20\mu m$，$\alpha = 0.2$，$c = 0.5$，$k_b = 0.2$，根据

式（2.31）绘制 a_{p0} 和 s 的关系曲线，如图2.8所示。

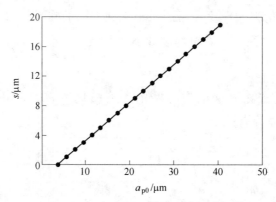

图2.8 增强颗粒位移量 s 与初始磨削深度 a_{p0} 的关系曲线

由图2.8可知，a_{p0} 越大，为实现增强颗粒切削去除，增强颗粒的位移量 s 就越大。结合前述分析可知，随着 s 的增大，界面损伤进一步演化扩展，最终 $\widehat{GAF}$ 界面失效，复合材料的磨削深度 a_c 与特定位置的增强颗粒初始磨削深度 a_{p0} 的关系是固定的，即 $a_c = a_{p0} + k$，其中 k 是常数，则可推导出：随着复合材料磨削深度 a_c 增加，增强颗粒位移 s 增大，进而造成界面损伤程度加剧，直至界面失效。故应尽量减小复合材料的磨削深度 a_c。

在磨粒对增强颗粒实施材料去除过程中，因为磨粒对增强颗粒施加的力方向近似垂直于磨粒母线，由图2.9所示的受力模型可知，增强颗粒在磨粒正压力 F_{Ar} 的作用下存在旋转的可能，当 $F_{Ar} = [F]$ 对增强颗粒施加的转矩大于界面切向约束 F_{mt} 对增强颗粒施加的转矩时，增强颗粒发生转动，否则增强颗粒不发生转动，由几何关系可知，无论增强颗粒是否发生转动，磨粒对增强颗粒施加的作用力 F_{Ar} 都起到向下挤压的作用。

（4）当增强颗粒发生转动时，增强颗粒的受力、运动和去除行为如下：如图2.10（a）所示，磨粒与增强颗粒刚接触时，接触点为 A，复合材料磨削深度为 a_c，增强颗粒磨削深度为 a_{p0}，增强颗粒中心 O 与复合材料未加工表面的距离为 h_0，磨粒对增强颗粒施加的压力 F_{Ar} 垂直于磨粒母线，但不通过增强颗粒中心 O，F_{Ar} 促使增强颗粒绕中心 O 发生转动，磨粒母线与增强颗粒的接触点 A 沿着磨粒母线下移，最终接触点 A 与磨粒顶尖 B 重合，如图2.10（b）所示；然后，磨粒与增强颗粒的接触点 A 随着磨粒顶尖 B 移

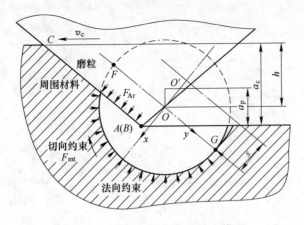

图 2.9 增强颗粒去除的受力模型

动,磨粒对增强颗粒施加的压力 F_{Ar} 垂直于接触点 A 处的磨粒切线(即线 HK),F_{Ar} 促使增强颗粒绕中心 O 继续转动,如图 2.10(c)所示;当增强颗粒外轮廓线 HK 与磨粒母线接触重合时,增强颗粒停止转动,如图 2.10(d)所示,磨粒与增强颗粒的接触方式由点接触变为线接触(面接触),转动后的增强颗粒磨削深度变为

$$a'_{p0} = |d_{HN}| - (h_0 - a_c) = r\sin(\alpha + \beta) - h_0 + a_c \qquad (2.32)$$

式中,$\alpha = \arcsin\left(\dfrac{h_0}{r}\right)$,$\beta = 90° - \gamma$,$a_c = a_{p0}$。则式(2.32)变为

$$a'_{p0} = r\sin\left[\arcsin\left(\dfrac{h_0}{r}\right) + 90° - \gamma\right] - h_0 + a_{p0} \qquad (2.33)$$

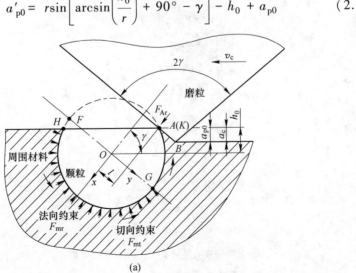

(a)

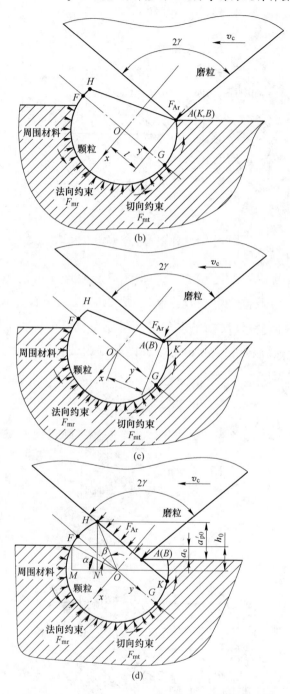

图 2.10　$h_0 < r\sin\gamma$ 时的增强颗粒转动示意图

(a) 磨粒与增强颗粒刚接触时；(b) 增强颗粒转动的状态Ⅰ；
(c) 增强颗粒转动的状态Ⅱ；(d) 增强颗粒转动的状态Ⅲ

因为 $r\sin\left[\arcsin\left(\dfrac{h_0}{r}\right) + 90° - \gamma\right] > h_0$，所以 $a'_{p0} > a_{p0}$，对于 $h_0 < r\sin\gamma$ 的增强颗粒来说，在增强颗粒发生脆性断裂或塑性域去除前发生转动的情况下，增强颗粒的磨削深度增加不利于增强颗粒的塑性域去除，且由前述增强颗粒运动分析可知，随着增强颗粒磨削深度增加，增强颗粒在金属基体内的位移量 s 增大，造成界面损伤加剧，直至界面失效。故应避免增强颗粒在脆性断裂或塑性域去除前发生转动，即增强颗粒脆性断裂或塑性域去除的临界压力 $[F]$ 应小于满足式（2.26）的 F_{Ar}，由式（2.30）可知 $[F]$ 随增强颗粒的磨削深度增加而增大，而对于复合材料中的特定增强颗粒，其初始磨削深度 a_{p0} 与复合材料磨削深度 a_c 的关系是固定的，即 $a_c = a_{p0} + k$，其中 k 是常数，则得出如下结论：复合材料磨削深度 a_c 越小，增强颗粒脆性断裂或塑性域去除的临界压力 $[F]$ 就越小，增强颗粒在脆性断裂或塑性域去除前发生转动的可能性也越小，故减小复合材料磨削深度 a_c 是避免增强颗粒在脆性断裂或塑性域去除前发生转动的重要途径，减小复合材料磨削深度 a_c 是实现增强颗粒高质量去除的有效方法。

2.2 基于划刻实验的高体积分数 SiCp/Al 复合材料去除机理研究

硬脆 SiC 增强颗粒与软塑 Al 基体的显著物理力学性能差异是影响高体积分数 SiCp/Al 复合材料磨削去除行为的关键因素，因此，对 SiCp/Al 复合材料、单相 SiC 块料和单相 Al 块料的材料去除行为开展系统的对比分析具有重要意义。磨削加工以砂轮表面的众多磨粒实现工件材料去除，最小工作单元是单个磨粒，所以单磨粒划刻实验是简化砂轮与工件接触作用的有效方法，其被普遍应用于磨削加工的材料去除机理研究。在本节，对体积分数为55%的 SiCp/5083Al 复合材料、单相 SiC 块料和单相 5083Al 块料开展单磨粒划刻实验。在宏观和介观尺度，评价材料去除行为的数据指标是划刻力学特征参数和划刻沟槽的横截面轮廓创成特征参数，其中划刻力学特征参数包括划刻力、摩擦因数和声发射（AE）信号，划刻沟槽的横截面轮廓创成特征参数包括残余划刻深度和材料去除率。在微观尺度，划刻沟槽的微观形貌用于揭示材料去除行为，并通过简练直观的描述模型总结划刻表面微观形貌及其形成过程。通过对体积分数为55%的 SiCp/5083Al 复合材料、单相 SiC 块料和单相 5083Al 块料的去除行为进行系统比较分析，探究金属基体和增强颗粒对高体积分数 SiCp/Al 复合材料去除行为的影响，揭示高体积分数 SiCp/Al 复合材料磨削去除机理。

2.2.1 实验材料

在划刻实验中，高体积分数 SiCp/Al 复合材料采用体积分数为 55% 的 SiCp/5083Al 复合材料，SiC 增强颗粒的体积分数和平均粒径分别是 55% 和 20μm。粉末冶金技术被用于该复合材料的制备，具体流程如下：首先，5083Al 粉末和 SiC 颗粒以质量比 33∶32 进行充分混合，混合操作在球磨机上以转速 150r/min 持续 10h；随后，混合料在模具中实现冷等静压成型；然后，混合料在真空炉 HIP-200 中以压强 120MPa、温度 753K 加热 2h，随后炉内冷却；最后，以挤压比 20∶1 挤压出复合材料棒材，随后进行 3h 的 833K 保温和 18h 的 423K 人工时效处理。在体积分数为 55% 的 SiCp/5083Al 复合材料制备完成之后，通过切割获取长 40mm×宽 35mm×高 15mm 的试件，为了获得无缺陷的试样表面，采用粒径为 20μm、14μm、7μm、3μm 和 1μm 的金刚石研磨膏依次对其进行抛光处理，体积分数为 55% 的 SiCp/5083Al 复合材料的微观结构如图 2.11 所示。

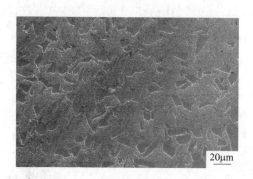

图 2.11 体积分数为 55% 的 SiCp/5083Al 复合材料的微观结构

SiC 块料采用上海禹贝精密陶瓷有限公司生产的商业黑 SiC，商业黑 SiC 的化学成分如表 2.2 所示。SiC 块料的尺寸为长 40mm×宽 35mm×高 15mm，通过粒径为 10μm、5μm、3μm 的金刚石粉末和 0.04μm 的硅悬浮液对其进行抛光处理，以获得光滑的表面。

表2.2　商业黑SiC的化学成分　　　　　　（质量分数,%）

成分	SiC	SiO$_2$	Fe$_2$O$_3$	游离碳
含量	98.4	1	0.3	0.3

5083Al块料采用上海馨程铝业有限公司生产的5083Al合金,其化学成分如表2.3所示。5083Al块料通过切割获得长40mm×宽35mm×高15mm的长方体,为了获得无缺陷表面,首先依次采用400号、800号、1200号、1500号的砂纸进行手工抛光,然后依次采用W2.5真丝抛光布和W0.5毛织物抛光布进行抛光。

表2.3　5083Al的化学成分　　　　　　（质量分数,%）

成分	Si	Cu	Mg	Zn	Mn	Ti	Cr	Fe	其他	Al
含量	0.163	0.004	4.434	0.026	0.678	0.012	0.104	0.238	<0.05	平衡

体积分数为55%的SiCp/5083Al复合材料、单相SiC块料和单相5083Al块料的基本力学参数如表2.4所示。

表2.4　体积分数为55%的SiCp/5083Al复合材料、
单相SiC块料和单相5083Al块料的基本力学参数

属性	符号	单位	SiCp/5083Al	SiC	5083Al
密度	ρ	g/cm^3	2.93	3.2	2.7
弹性模量	E	GPa	136	427	70
泊松比	ν	—	0.25	0.17	0.3
屈服应力	σ_0	MPa	562	1000	167

2.2.2　单磨粒划刻实验步骤

如图2.12（a）所示,单磨粒划刻实验在MFT-4000划刻实验仪（兰州华汇仪器科技有限公司,中国甘肃省兰州市）进行,采用锥角为120°和尖端半径为20μm的金刚石压头,主要技术参数如表2.5所示。如图2.12（b）所示,通过自动加载机构将法向力连续施加到金刚石压头上,法向力以加载速度50N/min由0逐渐连续递增到100N,同时工作台带动试件以速度10mm/min进行匀速直线运动,使金刚石压头划刻试件表面。在划刻过程中,试件表面生成深度递增的划刻沟槽,MFT-4000划刻实验仪的力传感器和声发射（AE）传感器记录切向划刻力和AE信号，系统通过计算切向划刻力与法向划刻力的比值绘制摩擦因数曲线。MFT-4000划刻实验仪的实时可视化界面如图2.13所示，本实验采用的实验参数如表2.6所示。

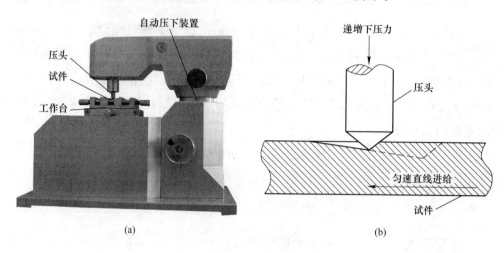

图 2.12　单磨粒划刻实验步骤

(a) MFT-4000 划刻实验仪；(b) 实验细节

表 2.5　MFT-4000 划刻实验仪的主要技术参数

加载模式	自动加载
加载范围	0.25~200N，自动连续加载，精度为0.25N
划刻长度	2~40mm
划刻速度	10mm/min
加载速度	1~100N/min
测量范围	0.5~30μm
摩擦力测量范围	10~100N，精度为0.25N

根据 T. T. Öpöz[189]可知，相较于划刻速度，划刻深度对材料去除行为产生更大的影响，同时限于高速划刻实验的检测条件不足，为了更透彻地研究材料去除行为，本书相关研究采用具有更好检测条件的 MFT-4000 划刻实验仪开展划刻实验。在本实验中，划刻法向力是变量，因为划刻深度随法向力增加而增大，故相当于划刻深度是变量，为了简化实验，划刻速度被选作常量。

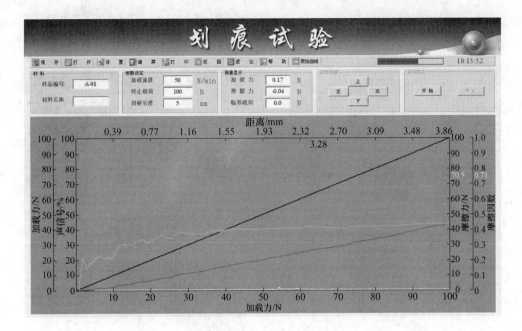

图 2.13　MFT-4000 划刻实验仪的实时可视化界面

表 2.6　划刻实验参数

划刻速度/mm·min^{-1}	10
加载速度/N·min^{-1}	50
终止载荷/N	100
划刻长度/mm	5

2.2.3　表面形貌检测设备

划刻沟槽的 3D 轮廓通过图 2.14（a）所示的 VHX-1000E 超景深显微镜（基恩士，日本大阪市淀川区）进行测量，然后通过 VHX-1000E 超景深显微镜的图像处理系统提取划刻沟痕的 2D 横截面轮廓，借助其测量工具测量划刻沟痕的残余深度，以及划刻沟槽和两侧材料堆积的横截面曲线信息，将曲线信息导入 Matlab R2014a，运用数值积分方法计算沟槽和两侧材料堆积的横截面积。划刻沟槽和两侧材料堆积的 3D 轮廓和 2D 横截面数据提取示例如图 2.15 所示。

划刻结束后，通过如图 2.14（b）所示的 ZEISS Ultra Plus 场发射扫描电

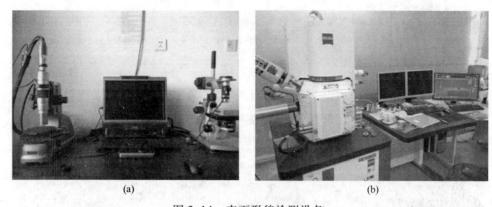

图 2.14　表面形貌检测设备

(a) VHX-1000E 超景深显微镜；(b) ZEISS Ultra Plus 场发射扫描电子显微镜

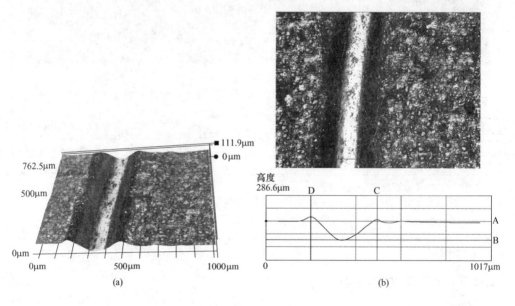

图 2.15　划刻沟槽和两侧材料堆积的 3D 轮廓和 2D 横截面数据

(a) 3D 轮廓；(b) 2D 横截面数据

图 2.15 彩图

子显微镜（蔡司，德国图林根州耶拿市）观测划刻沟槽的表面形貌，通过划刻沟槽的表面微观形貌揭示微观尺度的材料去除行为。

2.2.4　划刻力学性能

在本书中，划刻力学性能的评价指标选择为划刻切向力、摩擦因数和 AE 信号，在宏观尺度，通过划刻力学性能分析揭示划刻过程的材料去除行为。对于某一特定材料,划刻深度与法向力是同步变化的,所以将法向力递增变化等效为划刻深度递增变化是合理的。划刻切向力、摩擦因数和AE信号随法向力变化曲线如图2.16(d)~(f)所示,此外,为了直观地呈现划刻沟槽表面形貌与划刻力学性能之间的关联,对应提供SiC、SiCp/5083Al和5083Al的划刻轨迹扫描电镜(SEM)图像,分别如图2.16(a)~(c)所示。

图2.16(d)显示的是,在法向力递增的条件下,SiC、SiCp/5083Al和5083Al的划刻切向力变化情况。对于SiC,当划刻法向力在很小数值范围内(小于4N)递增时,划刻切向力呈现具有极小增速和微小波动特征的线性递增趋势;当划刻法向力在4~40N范围内递增时,划刻切向力仍呈现出近似线性递增趋势,但增速更大,波动频率和幅值也更大;当划刻法向力超过临界值40N后,划刻切向力随着法向力递增而呈现非线性递增和剧烈波动的变化趋势,特别是当划刻法向力增大到70N时,划刻切向力的变化曲线出现递增陡坡和极其严重的波动。硬脆SiC的划刻切向力随划刻法向力的变化趋势可以由图2.16(a)所示的SiC划刻形貌SEM图像解释。如图2.16(a)所示,在划刻沟槽的起始端部,划刻表面呈现出相对光滑且较少裂纹的特征;当划刻法向力增加到4N后,以裂纹为特征的脆性域去除特性出现在划刻表面;随着划刻法向力进一步递增到40N,划刻表面出现大块的材料脆性剥落现象,这是划刻切向力非线性递增和剧烈波动的主要原因;超过70N的法向力导致划刻表面出现更严重的材料脆性剥落,引起划刻切向力的急剧增加和剧烈波动,在此阶段,SiC的划刻切向力首次超过SiCp/5083Al和5083Al。

对于SiCp/5083Al和5083Al,在整个划刻过程中,二者的划刻切向力随划刻法向力的变化趋势是相近的,即近似线性递增。但是,相较于SiCp/5083Al,5083Al呈现出更大的划刻切向力数值和增速。值得注意的是5083Al的划刻切向力递增平滑,而SiCp/5083Al的划刻切向力变化呈现更显著的波动。SiCp/5083Al和5083Al的划刻切向力变化特性与图2.16(b)和图2.16(c)所示的划刻形貌特征是对应的。如图2.16(c)所示,5083Al的划刻沟槽呈现光滑的表面,表明在磨粒作用下,5083Al的材料去除方式是典型的塑性金属去除,所以其划刻切向力平滑地递增。然而,如图2.16(b)所示的SiCp/5083Al划刻形貌呈现相对粗糙的划刻表面、不规则的两侧材料堆积和窄浅的划刻沟槽,说明SiC增强颗粒导致SiCp/5083Al复合材料的强度和硬度提升,以及在SiCp/5083Al复合材料去除过程中SiC颗粒脆性去除和5083Al基体塑性去除断续化等现象频发。所以，相较于5083Al，SiCp/5083Al的划刻切向力变化呈现更小的数值和增长速率以及更剧烈的波动。总而言之，在单相SiC块料不发生大块材料脆性剥落情况下，图2.16 (a)~(c) 所示的划刻沟槽横截面尺寸决定了图2.16 (d) 所示的划刻切向力，即5083Al的划刻切向力最大，SiCp/5083Al复合材料次之，SiC的划刻切向力最小。在宏观尺度，SiCp/5083Al的划刻力性能和划刻沟槽特征与5083Al相近，不同于硬脆SiC。

摩擦因数是划刻力学性能的重要指标之一，用于反映磨粒-工件接触状态和材料去除特性。SiC、SiCp/5083Al和5083Al的摩擦因数随划刻法向力的变化曲线如图2.16 (e) 所示，可以看出，SiC的摩擦因数明显小于SiCp/5083Al和5083Al，SiCp/5083Al的摩擦因数变化与5083Al相近，但SiC增强颗粒致使SiCp/5083Al摩擦因数更小，波动更大。

对于SiC，当划刻法向力处于很小值（小于4N）时，摩擦因数先陡增然后保持相对稳定；当划刻法向力增加到4N之后，随着划刻法向力的增加，摩擦因数递增，并伴有频率较高的波动，这是因为在划刻沟槽表面出现了裂纹的萌生和扩展，如图2.16 (a) 所示；不久之后，相对稳定的摩擦因数曲线出现在划刻法向力16~40N阶段；随后，摩擦因数再次递增，并伴有更大幅值的波动，原因在于，在磨粒的较深切削作用下，SiC出现较大体积的材料脆性剥落，如图2.16 (a) 所示，划刻力产生较大波动；最后，更大的划刻法向力（大于70N）导致摩擦因数急剧增加和剧烈波动，这与划刻表面出现的材料脆性剥落相呼应。

对于5083Al，随着划刻法向力递增，摩擦因数先增加，随后近似保持恒定（约为0.48），摩擦因数保持近似恒定的临界点是划刻法向力20N。

对于SiCp/5083Al，在较大的法向力变化区间内（0~36N），摩擦因数随着划刻法向力递增而增大，相较于5083Al，SiCp/5083Al的摩擦因数变化伴有频率更高和幅值更大的波动；当划刻法向力超过36N后，摩擦因数保持着缓慢的增长趋势，也可以理解为近似恒定。同时注意到，相较于5083Al，SiCp/5083Al摩擦因数处于近似稳定状态需要更大的划刻法向力临界值。上述现象表明SiC增强颗粒在SiCp/5083Al材料去除过程中起到重要作用，例如，提高SiCp/5083Al复合材料的硬度和强度，降低划刻摩擦因数，同时诱发不稳定的材料去除状态。

2.2 基于划刻实验的高体积分数 SiCp/Al 复合材料去除机理研究

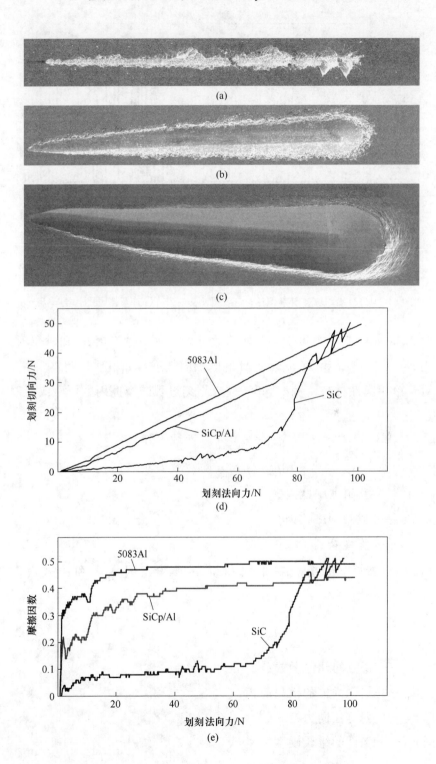

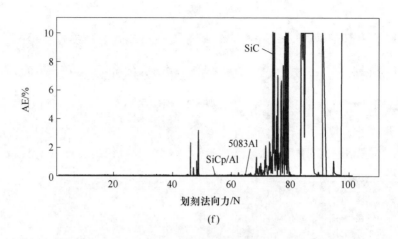

(f)

图 2.16 划刻力学性能数据图

(a) SiC 划刻轨迹 SEM 图像；(b) SiCp/5083Al 划刻轨迹 SEM 图像；
(c) 5083Al 划刻轨迹 SEM 图像；(d) 划刻切向力；(e) 摩擦因数；(f) AE

根据 Bowden 等[231]可知，摩擦因数可以分解为黏附项 μ_a 和耕犁项 μ_p，本书对 SiC、5083Al 和 SiCp/5083Al 的摩擦因数进行如下适当调整。

对于单相脆性材料，例如 SiC，磨粒划刻过程的摩擦因数可由式（2.34）表示：

$$\mu = \begin{cases} \mu_a + \mu_p & \text{（塑性域去除）} \\ \mu_a + \mu_f & \text{（脆性域去除）} \end{cases} \quad (2.34)$$

式中　μ_a——黏附项摩擦因数；

μ_p——耕犁项摩擦因数；

μ_f——脆性断裂项摩擦因数。

由 Zhang 等[232]可知，黏附项和耕犁项摩擦因数之和由式（2.35）计算：

$$\mu_a + \mu_p = \frac{k_1 A_p \mathrm{HV}}{F_N} \quad (2.35)$$

式中　k_1——磨粒的几何参数；

A_p——划刻沟槽的横截面积；

F_N——划刻法向力；

HV——工件的维氏硬度。

2.2 基于划刻实验的高体积分数 SiCp/Al 复合材料去除机理研究

其中，HV 由式（2.36）计算：

$$HV = \frac{2F_N \sin(2\theta)}{d_1^2} \quad (2.36)$$

式中　θ ——磨粒的顶角；

　　　d_1 ——压痕的平均对角线。

根据 Griffith 方程[233]，由 SiC 断裂导致的摩擦因数可由式（2.37）计算：

$$\mu_f = K_{IC} \frac{A_p}{F_N} \quad (2.37)$$

式中　K_{IC} ——断裂韧性。

最终，SiC 摩擦因数可由式（2.38）计算：

$$\mu = \begin{cases} \mu_a + \mu_p \\ \mu_a + \mu_f \end{cases} = \begin{cases} 2k_1 \sin(2\theta) \dfrac{A_p}{d_1^2} & （塑性域去除） \\ \mu_a + K_{IC} \dfrac{A_p}{F_N} & （脆性域去除） \end{cases} \quad (2.38)$$

对于塑性材料，例如 5083Al，划刻过程的摩擦因数可由式（2.39）表示：

$$\mu = \mu_a + \mu_p = 2k_1 \sin(2\theta) \frac{A_p}{d_1^2} \quad (2.39)$$

式中　μ_a ——黏附项摩擦因数；

　　　μ_p ——耕犁项摩擦因数。

对于多相复合材料，例如 SiCp/5083Al，划刻过程的摩擦因数可由式（2.40）表示：

$$\mu = \mu_a + \mu_p + \mu_{fp} \quad (2.40)$$

式中　μ_a ——黏附项摩擦因数；

　　　μ_p ——耕犁项摩擦因数；

　　　μ_{fp} ——增强颗粒脆性断裂项摩擦因数。

根据 Zhang[232]可知，增强颗粒脆性断裂项摩擦因数由式（2.41）计算：

$$\mu_{fp} = \frac{k_2 f_V K_{Icp} A_p}{a^{1/2} F_N} \quad (2.41)$$

式中　k_2——增强颗粒的几何因子；
　　　f_V——增强颗粒的体积分数；
　　　a——增强颗粒的平均粒径；
　　　K_{Icp}——增强颗粒的断裂韧性。

所以，SiCp/5083Al 复合材料的摩擦因数可由式（2.42）计算：

$$\mu = \mu_a + \mu_p + \mu_{fp} = 2k_1\sin(2\theta)\frac{A_p}{d_1^2} + \frac{k_2 f_V K_{Icp}}{a^{1/2}}\frac{A_p}{F_N} \quad (2.42)$$

通过比较 SiC、5083Al 和 SiCp/5083Al 的摩擦因数表达式，即式（2.38）、式（2.39）和式（2.42），可以进一步理解这三种材料的摩擦因数特性和差异。基于相同的磨粒几何参数开展下述讨论，即相同的 k_1 和 θ。

根据式（2.38）可知，处于塑性域去除阶段的 SiC 摩擦因数由黏附项 μ_a 和耕犁项 μ_p 构成，将式（2.38）、式（2.39）和式（2.42）进行对比，由图 2.16（a）~（c）可知，SiC 划刻沟槽横截面积最小，所以 SiC 摩擦因数表达式 $\frac{A_p}{d_1^2}$ 比 5083Al 和 SiCp/5083Al 小很多，而其他参数相等，所以在相同划刻法向力条件下，SiC 摩擦因数比 5083Al 和 SiCp/5083Al 小很多，说明划刻沟槽横截面积越小，摩擦因数越小。如图 2.16（e）所示，当划刻法向力很小时（此时 SiC 主要是以塑性域去除为主），SiC 摩擦因数恒小于 5083Al 和 SiCp/5083Al。随着划刻法向力增加，SiC 逐渐以脆性域去除为主，则 SiC 摩擦因数由黏附项 μ_a 和脆性断裂项 μ_f 构成，其中脆性断裂项 $\mu_f\left(\mu_f = K_{Ic}\frac{A_p}{F_N}\right)$ 是裂纹萌生和扩展的体现，诱发 SiC 摩擦因数快速增加和剧烈波动。在大块材料脆性剥落发生前，SiC 摩擦因数仍小于 5083Al 和 SiCp/5083Al。在大块材料脆性剥落发生后，脆性断裂项 μ_f 激增，此时 μ_f 是 SiC 摩擦因数的决定性因素，所以 SiC 摩擦因数急剧增加，首次超过 5083Al 和 SiCp/5083Al，并伴有剧烈波动，如图 2.16（e）所示。

根据式（2.39）和式（2.42）可知，相较于 5083Al，SiCp/5083Al 摩擦因数表达式添加了 SiC 颗粒脆性断裂项摩擦因数 μ_{fp}。对于 SiCp/5083Al，在整个划刻过程中，摩擦因数的黏附项 μ_a 和耕犁项 μ_p 占据主导作用，所以 SiCp/5083Al 摩擦因数变化规律与 5083Al 相近；另外，SiC 增强颗粒提升 SiCp/5083Al 复合材料的硬度，在相同划刻法向力条件下，SiCp/5083Al 的划刻沟槽横截面积比 5083Al 小，所以 SiCp/5083Al 摩擦因数表达式的 $\dfrac{A_p}{d_1^2}$ 比 5083Al 小，致使 SiCp/5083Al 摩擦因数相对更小。此外，SiC 颗粒脆性断裂项摩擦因数 μ_{fp} 引起 SiCp/5083Al 摩擦因数产生频率更高和幅值更大的波动。上述阐述可由图 2.16（e）所示的 SiCp/5083Al 和 5083Al 摩擦因数变化曲线验证。

除了划刻力和摩擦因数，AE 是另一个重要的划刻力学性能参数，常被用于监测材料去除和磨粒与工件接触状态，SiC、SiCp/5083Al 和 5083Al 的 AE 随递增划刻法向力的变化曲线如图 2.16（f）所示。对于 SiC，当划刻法向力大于 45N 时，AE 出现较高数值，说明此时发生较严重的脆性断裂。对于 5083Al 和 SiCp/5083Al，在整个划刻过程中，AE 数值很小，说明在宏观尺度，SiCp/5083Al 复合材料去除特性更多体现为塑性域去除，与 5083Al 去除特性相近。为了探究 SiCp/5083Al 和 5083Al 的 AE 差异，将二者的 AE 信号放大，如图 2.17 所示，SiCp/5083Al 的 AE 数值比 5083Al 略大，波动更频繁，说明 SiC 颗粒存在脆性断裂。

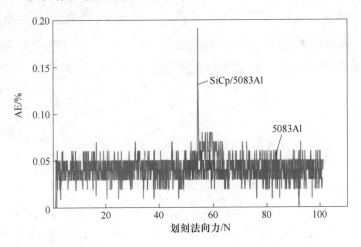

图 2.17　SiCp/5083Al 和 5083Al 的 AE 放大信号

对于高体积分数 SiCp/5083Al，在理论上，磨粒与 SiC 颗粒的高频接触和 SiC 颗粒脆性断裂是普遍存在的，但并没有出现 SiCp/5083Al 的 AE 数值比 5083Al 明显增大的现象，分析其原因：一是 SiCp/5083Al 复合材料的 Al 基体对 SiC 颗粒脆性断裂产生的振动具有吸附作用，据此可推测，在宏观尺度，SiCp/5083Al 复合材料的 Al 基体提升了 SiC 增强颗粒的塑性和划刻力学性能；二是 SiC 颗粒的粒径较小，AE 检测设备的数据采集精度不够。

基于上述体积分数为 55% 的 SiCp/5083Al、5083Al 和 SiC 的划刻力学性能分析，可以得出如下结论：划刻法向力（即相当于划刻深度）对 SiCp/5083Al、5083Al 和 SiC 的划刻力学性能具有显著影响，三种材料的划刻切向力和摩擦因数随划刻法向力增加而增大。在宏观尺度，高体积分数 SiCp/5083Al 复合材料的划刻力学性能与 5083Al 相近，与 SiC 不同，包括划刻力、摩擦因数和 AE 信号。相对于 5083Al，SiC 增强颗粒使 SiCp/5083Al 复合材料具有更高的硬度和更小的划刻沟槽横截面积，这是 SiCp/5083Al 复合材料呈现更小划刻力和摩擦因数的原因，同时 SiC 增强颗粒诱发频率更高和幅值更大的波动。另外，SiC 增强颗粒的塑性和划刻力学性能因 Al 基体而得到提升。

2.2.5 划刻沟槽的横截面轮廓创成特征

根据 I. D. Marinescu 等[181]可知，在磨削和划刻过程中，磨粒切削刃诱发的材料去除行为分为三种模式，即耕犁、（塑性）切削和（脆性）断裂。为了探究不同划刻深度条件下体积分数为 55% 的 SiCp/5083Al 复合材料、单相 SiC 块料和单相 5083Al 块料的材料去除行为差异，通过残余划刻深度和材料去除率分析划刻沟槽横截面轮廓创成特性。其中，材料去除率 f 的表达式如下[234]：

$$f = \frac{A_g - A_p}{A_g} \quad (2.43)$$

式中 A_g ——划刻沟槽的横截面积；

A_p ——沟槽两侧材料堆积的总横截面积。

当 $0 < f < 1$ 时，表明材料去除方式是耕犁和塑性切削去除同时发生，如图 2.18（a）所示；当 $f = 1$ 时，表明材料去除方式是理想的塑性切削去除；当 $f > 1$ 时，表明材料去除方式是脆性域去除，如图 2.18（b）所示。

图 2.19 是 SiCp/5083Al、5083Al 和 SiC 的残余划刻深度随划刻法向力的变化曲线，很明显，三种材料的残余划刻深度均随着划刻法向力增加而递增，但是三者的数值大小和曲线变化趋势是不同的。三者按残余划刻深度数值排序如下：5083Al > SiCp/5083Al > SiC，这与第 2.2.4 节按划刻切向力和摩擦因数排序是一致的。

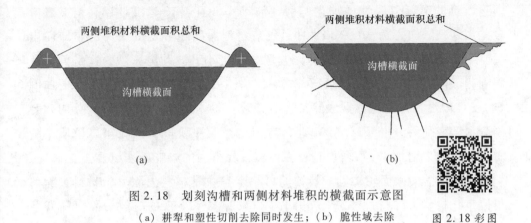

图2.18 划刻沟槽和两侧材料堆积的横截面示意图
（a）耕犁和塑性切削去除同时发生；（b）脆性域去除

图2.18彩图

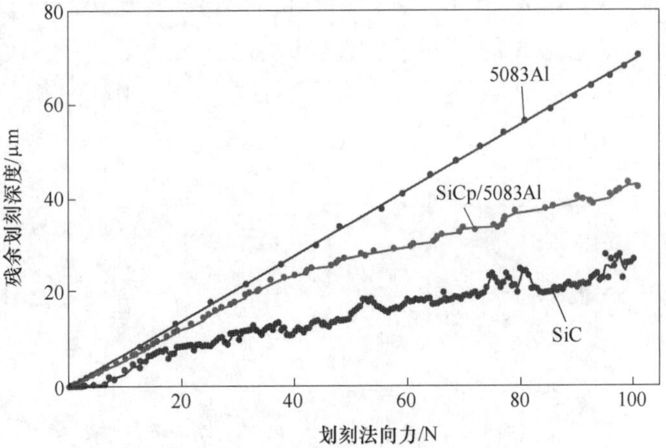

图2.19 残余划刻深度随划刻法向力的变化曲线

对于SiC，在划刻起始阶段，残余划刻深度保持极小数值，材料去除模式是塑性域去除或塑性域去除与脆性域去除同时发生。当划刻法向力增加到4N后，残余划刻深度随划刻法向力递增而呈现显著的非线性增加，并伴有频繁且剧烈的波动，原因是当划刻法向力达到SiC脆性断裂韧性时，更多更大的裂纹产生，甚至出现大块材料脆性剥落。

对于5083Al，残余划刻深度随着划刻法向力递增而呈现近似线性增加的趋势。

对于SiCp/5083Al，依据曲线变化率，残余划刻深度变化曲线分为两个阶段：第一阶段，当划刻法向力为0~36N时，残余划刻深度随着划刻法向力递增而呈现近似线性增加的趋势，波动小，且增长率相对较高；第二阶段，当划刻法向力为 36~100N 时，残余划刻深度随着划刻法向力递增而出现非线性增加，相较于第一阶段，其增长率更小，波动更剧烈，这是因为随着划刻法向力增加，SiC 增强颗粒对 Al 基体硬度和强度的增强效果更加明显，SiC 增强颗粒的脆性域去除特性更显著。总体而言，SiCp/5083Al 的残余划刻深度变化特性与 5083Al 相近，特别是在第一阶段，但在第二阶段，随着划刻法向力增加，SiC 增强颗粒脆性域去除行为的影响越来越显著。

划刻沟槽横截面轮廓创成特征的另一个参数是材料去除率，材料去除率可以量化材料去除特性。SiCp/5083Al、5083Al 和 SiC 的材料去除率随残余划刻深度的变化曲线如图 2.20 所示，随着残余划刻深度递增，SiC 的材料去除率增加，而 SiCp/5083Al 和 5083Al 的材料去除率减小。在三种材料中，SiC 的材料去除率是最高的，SiCp/5083Al 次之。

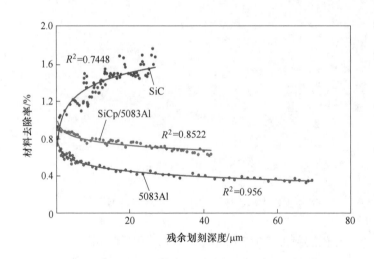

图 2.20　材料去除率随残余划刻深度的变化曲线

对于 SiC，随着残余划刻深度递增，材料去除率呈现近似对数增加的趋势，材料脆性域去除导致数据高度离散化。在划刻初始阶段，材料去除率保持在小于 1 的范围，$0 < f < 1$ 说明此时耕犁和塑性域去除同时发生。当残余划刻深度超过 1μm 后，材料去除率恒大于 1，说明 SiC 材料去除模式转为脆性域去除。

对于 SiCp/5083Al 和 5083Al，从图 2.20 中可以看出，SiCp/5083Al 的材

料去除率变化趋势与5083Al相近，二者都呈现对数递减变化趋势且数值恒小于1，$0<f<1$说明二者的材料去除模式是耕犁和塑性域去除同时发生。材料去除率随着划刻深度递增而减小的原因是：随着磨粒切入工件深度增加，磨粒切刃的实际切削效果逐渐减弱。因此，可以推断在介观尺度，SiCp/5083Al材料去除行为与5083Al相近，可以称为类塑性去除模式，尽管高体积分数SiCp/5083Al含有体积分数为55%的SiC增强颗粒。此外，SiC增强颗粒提升了SiCp/5083Al的材料去除率。

基于上述残余划刻深度和材料去除率分析可知，在介观尺度，SiCp/5083Al材料去除行为与5083Al相近，与SiC不同。相对于5083Al，SiC增强颗粒导致SiCp/5083Al划刻过程呈现更小的残余划刻深度和更大的材料去除率。SiCp/5083Al、5083Al和SiC的划刻沟槽横截面轮廓创成特性与划刻力学性能是一致的。

2.2.6 划刻沟槽表面微观形貌

基于第2.2.5节研究结论可知，在宏观和介观尺度，SiCp/5083Al材料去除行为与5083Al相近，但SiCp/5083Al的微观构成与5083Al存在显著差异，所以，有必要在微观尺度探究材料去除行为，本节基于划刻表面微观形貌分析材料去除行为。

图2.21是递增划刻法向力作用下的SiC划刻表面微观形貌SEM图像。如图2.21（a）所示，划刻法向力对SiC材料去除行为具有重要影响。如图2.21（b）所示，在划刻初始阶段，划刻表面是比较光滑且少裂纹的，说明足够小的划刻法向力可以实现SiC塑性域去除；当划刻法向力增加到某一临界值后，划刻表面出现脆性域去除特征。如图2.21（a）和图2.21（d）所示，随着划刻法向力继续增加，划刻表面的脆性域去除特征更加明显，横向裂纹和径向裂纹快速扩展和交叉，导致材料脆性剥落。其中，扩展的径向裂纹以与划刻方向呈30°~45°角的方式分布在划刻沟槽两侧，此裂纹的分布方向是材料内部结构和拉压应力边界共同作用的结果。随着划刻法向力增加，拉压应力边界对径向裂纹分布角度的影响越来越显著，如图2.22所示，随着磨粒的前进，径向裂纹沿着临近拉压应力边界方向扩展，即与划刻方向呈30°~45°角。如图2.21（a）和图2.21（c）所示，随着划刻法向力进一步增加，划刻表面出现大块材料脆性剥落和大量裂纹。总体而言，在划刻过

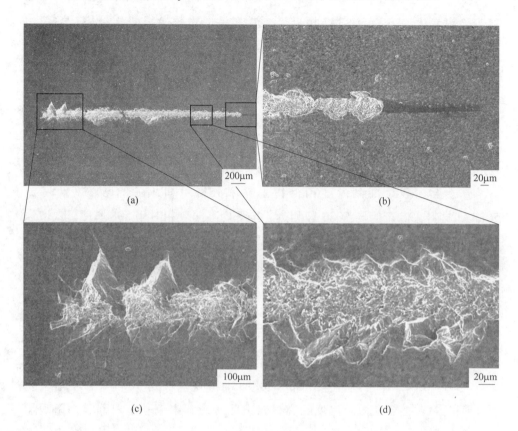

图 2.21 递增划刻法向力作用下的 SiC 划刻表面微观形貌 SEM 图像

(a) 完整划刻沟槽；(b) 初始划刻表面方框区域的放大图；(c) 后段划刻表面方框区域的放大图；(d) 中部划刻表面方框区域的放大图

程中，SiC 是以脆性域去除模式实现材料切削去除，但如果划刻法向力足够小，在理论上可以实现 SiC 塑性域去除。在划刻过程中，材料变形和去除行为是工件材料内在因素和外在因素共同作用的结果，材料内在因素包括材料内部结构和缺陷等，外在因素包括磨粒形状尺寸和划刻力学特征参数等。

图 2.23 是递增划刻法向力作用下

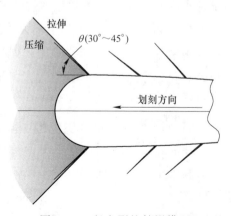

图 2.22　径向裂纹扩展模型

的 5083Al 划刻表面微观形貌 SEM 图像,在整个划刻过程中,划刻表面和两侧材料堆积是光滑的,说明其材料去除模式是塑性去除。图 2.23(b)是划刻表面的放大图,呈现没有缺陷的光滑划刻表面。如图 2.23(a)所示,随着划刻法向力递增,划刻沟槽的两侧材料堆积增加,此时越来越多的未去除材料堆积在磨粒周围,降低磨粒切削性能和材料去除率。

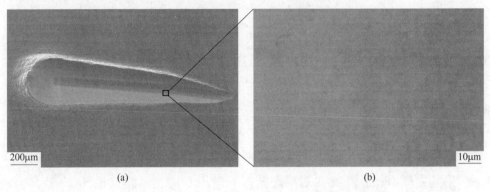

图 2.23　递增划刻法向力作用下的 5083Al 划刻表面微观形貌 SEM 图像
(a)完整划刻沟槽;(b)划刻表面方框区域的放大图

图 2.24 是递增划刻法向力作用下的 SiCp/5083Al 划刻表面微观形貌 SEM 图像,包括完整划刻沟槽图像(见图 2.24(a))、不同划刻阶段的划刻表面微观形貌放大图(见图 2.24(b)~(d)),以及各种划刻表面缺陷的放大图(见图 2.24(e)和图 2.24(f))。依据低倍数的 SiCp/5083Al 完整划刻沟槽形貌(见图 2.24(a))和 5083Al 完整划刻沟槽形貌(见图 2.23(a))可以合理推断,在介观尺度,SiCp/5083Al 材料去除行为与 5083Al 相近,二者都有相近的划刻沟槽和两侧材料堆积。但是在微观尺度,SiCp/5083Al 和 5083Al 的材料去除行为存在显著差异。下面将详细分析 SiCp/5083Al 划刻表面微观形貌,并探究其成因。

如图 2.24(b)所示,在划刻初始阶段,划刻表面是比较光滑的,说明塑性域去除行为是 SiCp/5083Al 去除的主要特征,即软质 Al 基体和硬质 SiC 颗粒的塑性流。随着划刻法向力增加,划刻沟槽两侧的部分 SiC 颗粒被磨粒推挤出 Al 基体,导致 SiCp/5083Al 划刻沟槽的两侧材料堆积是粗糙凌乱的,如图 2.24(a)所示;而 5083Al 的两侧材料堆积是光滑规则的,如图 2.23(a)所示。

随着划刻法向力进一步递增，作用在划刻表面的热-机械应力增加，诱发 SiCp/5083Al 材料去除行为由塑性域去除特性为主（见图 2.24（b））转为脆性域去除和塑性域去除特性同时出现（见图 2.24（c）和图 2.24（d）），其中脆性域去除特性体现为 SiC 裂纹萌发和扩展，并导致划刻表面粗糙凌乱，例如 SiC 颗粒脆性裂纹、Al 基体撕裂和 SiC-Al 界面脱黏和孔洞等，如图 2.24（c）和图 2.24（d）所示。通过对最后划刻阶段（见图 2.24（c））和中间划刻阶段（见图 2.24（d））的划刻表面形貌进行人工观测，可以定性地推断如下趋势：随着划刻法向力增加，划刻表面质量变差，裂纹等缺陷增多。

在划刻过程中，当作用于 SiC 颗粒的应力超过其断裂韧性时，SiC 颗粒脆性域去除随即发生。当 SiC 颗粒脆性域去除发生后，大多数碎片将以磨屑的形式被排出，但也会出现其他不利情况。情况一是图 2.24（c）中标记Ⅰ，处于磨粒底部的未被及时排出的 SiC 碎片被磨粒挤压到已划刻表面并向前移动，形成三体摩擦，继而在划刻表面留下微小划痕，最终这些 SiC 碎片被磨粒再次推挤入 Al 基体。情况二是图 2.24（e）中标记Ⅱ，SiC 颗粒的上部被去除后，SiC 颗粒的下部残留碎片被遗留在原位，且低于成型的划刻表面，形成包含残余 SiC 碎片的凹坑。情况三是图 2.24（e）中标记Ⅲ，当磨粒作用于 SiC 颗粒的应力极高时，SiC 颗粒被粉碎化，粉碎化的 SiC 碎片被磨粒再次挤压入已划刻表面，与此同时，SiC 碎片之间的 Al 基体被挤出或撕裂，形成凌乱的划刻表面。

除了上述表面形貌特征，划刻表面还出现了 SiC-Al 界面脱黏和 Al 基体横向（撕扯）裂纹，如图 2.24（f）所示，图中红色标记点是 SiC 颗粒。划刻法向力（划刻深度）越大，SiC 颗粒在 Al 基体中的位移和偏转量就越大，Al 基体的扭曲变形越严重。当划刻法向力（划刻深度）超过某个临界值时，SiC 颗粒和 Al 基体的显著物理力学性能差异导致 Al 基体塑性变形无法匹配 SiC 颗粒位移，诱发 SiC-Al 界面脱黏以释放磨粒施加的应力。随着划刻法向力递增，SiC-Al 界面裂纹不断扩展且相互交叉，最终在 Al 基体表面形成较大的横向裂纹。

值得注意的是，上述划刻表面缺陷发生的临界划刻法向力受多种因素影响，例如磨粒的形状尺寸、工件的材料属性和划刻力学特征参数等，其中，颗粒增强金属基复合材料属性包含基体材料属性、增强颗粒的材料属性、粒径和体积分数以及界面力学性能等。

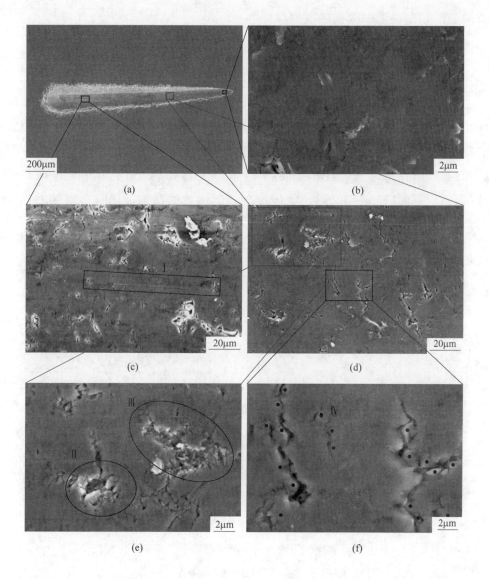

图 2.24 递增划刻法向力作用下的 SiCp/5083Al 划刻表面微观形貌 SEM 图像
(a) 完整划刻沟槽；(b) 初始划刻表面红色区域的放大图；(c) 末端划刻表面红色区域的放大图；(d) 中部划刻表面蓝色区域的放大图；(e) 图 2.24 (d) 中蓝色区域的放大图；(f) 图 2.24 (d) 中红色区域的放大图
标记Ⅰ—SiC 碎片被磨粒推挤向前移动而留下微划痕，且最终再次被压入 Al 基体；标记Ⅱ—含有残留 SiC 碎片的凹坑；
标记Ⅲ—含有 SiC 碎片的凌乱表面；标记Ⅳ—SiC 颗粒

图 2.24 彩图

2.2.7 划刻表面缺陷描述模型

鉴于表面缺陷众多且凌乱的 SEM 图像不便于观测和阐述，本节通过简练直观的描述模型总结第 2.2.6 节关于划刻表面微观形貌及其形成的描述和讨论。

图 2.25（a）是脆性域去除的表面缺陷描述模型。在磨粒与工件接触区的下方区域，塑性核和塑性变形区形成。在弹性-塑性边界附近，中间裂纹和横向裂纹萌发，其中，横向裂纹在近似平行于划刻表面的平面上扩展，而中间裂纹则在垂直于划刻表面的平面上扩展。在划刻表面，扩展的径向裂纹以与划刻方向呈 30°~45°的角度分布在划刻沟槽的两侧，同时，随着划刻法向力增加，径向裂纹和横向裂纹交叉，导致材料脆性剥落。

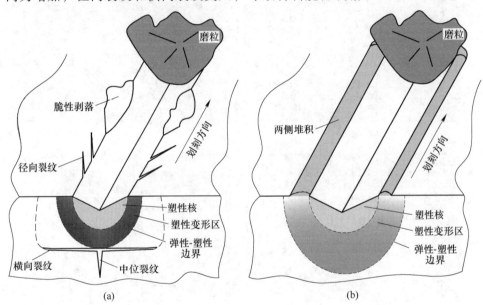

图 2.25　脆性域去除和塑性域去除的表面缺陷描述模型
(a) 脆性域去除；(b) 塑性域去除

图 2.25（b）是塑性域去除的表面缺陷描述模型。与脆性域去除相似，塑性核和塑性变形区存在于磨粒与工件接触区的下方区域，但是没有裂纹出现。光滑的划刻表面和两侧材料堆积说明塑性域去除行为包括塑性切削去除和耕犁效应。

图 2.26 是高体积分数 SiCp/Al 复合材料去除的表面缺陷描述模型。如图 2.26（a）所示，当划刻深度足够小时，SiC 颗粒和 Al 基体可以实现塑性

域去除，其特征是比较光滑的划刻表面，但是硬质 SiC 颗粒和软质 Al 基体的位移量-变形量不匹配性导致划刻沟槽两侧的 SiC 颗粒被挤出 Al 基体，形成粗糙的材料堆积表面。

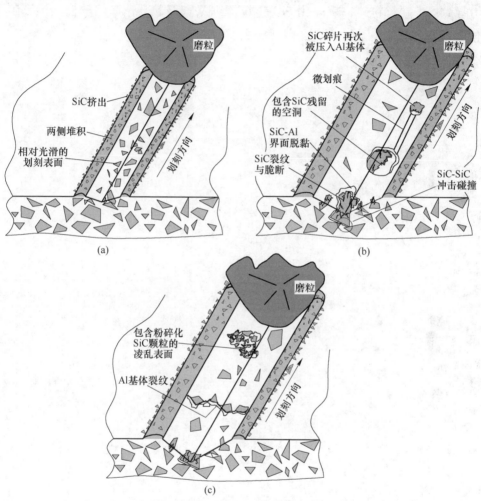

图 2.26　高体积分数 SiCp/Al 复合材料去除的表面缺陷描述模型
（a）划刻法向力 0~4N；（b）划刻法向力 4~16N；（c）划刻法向力大于 16N

如图 2.26（b）所示，不断增加的划刻深度导致 SiC-SiC 颗粒冲击碰撞更高频和高强度地发生，进而诱发 SiC 颗粒脆性断裂以及 SiC-Al 界面脱黏，界面脱黏发生的原因是 SiC 颗粒位移量和 Al 基体变形量的不协调性。在 SiC 颗粒脆性域去除发生后，可能形成包含有残余 SiC 碎片的孔洞，SiC 碎片可能被磨粒挤压滑动而在划刻表面留下微小划痕，而且 SiC 碎片也可能被再次压入 Al 基体。

如图 2.26（c）所示，随着划刻深度进一步增加，Al 基体的较大横向裂纹形成，其原因是 SiC-Al 界面裂纹扩展并相互交叉贯通。此外，极高的压应力导致 SiC 颗粒粉碎，粉碎化 SiC 颗粒即刻又被磨粒压入 Al 基体，相应地，包含有粉碎化 SiC 微粒的凌乱表面形成。

3 高体积分数 SiCp/Al 复合材料磨削去除的三维微观仿真分析

基于第 2 章的高体积分数 SiCp/Al 复合材料磨削细观力学行为及材料去除机理研究可知，尽管在宏观和介观尺度，高体积分数 SiCp/Al 复合材料去除行为与其基体金属材料相近，表现为类塑性域去除，但在微观尺度，高体积分数 SiCp/Al 复合材料去除行为与其基体金属材料不同，出现各种表面缺陷，例如 SiC 颗粒裂纹、SiC-Al 界面脱黏、含有残余 SiC 碎片的凹坑、Al 基体的较大横向裂纹和包含粉碎化 SiC 微粒的凌乱表面等。虽然第 2 章的划刻实验是材料去除机理研究的有效方法，但其只能呈现创成的划刻表面，无法实时且直观地反映磨粒-工件接触状态、材料去除过程和划刻表面以下的材料状态演化。

幸运的是，有限元仿真技术可以弥补传统实验的不足，并具有成本低和周期短的特点。切削有限元仿真技术与传统实验各具优势，具有互补性。本章仍然通过单磨粒划刻简化磨削过程，建立更接近真实状态的颗粒增强金属基复合材料三维（3D）微观多相有限元模型，该模型实现了增强颗粒的形状、尺寸和位置的 3D 随机变化，增强颗粒-金属基体的弱界面属性和增强颗粒间的接触运算，为高精度的切削仿真奠定了坚实基础。基于高体积分数 SiCp/Al 复合材料 3D 微观多相有限元模型，在微观尺度开展单磨粒划刻仿真分析，实时追踪材料去除行为、加工表面缺陷形成和亚表面状态演变过程，分析划刻深度影响。磨粒作用下的 SiCp/Al 复合材料细观力学行为理论分析、单磨粒划刻实验与材料去除有限元仿真分析构成有机结合，能系统地揭示高体积分数 SiCp/Al 复合材料磨削去除机理。

3.1 实验材料和仿真分析工具

为了与第 2 章划刻实验一致，便于对比分析，本章的有限元仿真分析采用与第 2 章相同的试件材料和磨粒（压头）结构尺寸，其中高体积分数

SiCp/5083Al 复合材料的参数是增强颗粒均径 20μm，均方差 5μm，体积分数为 55%；磨粒（压头）是锥角 120°和尖端半径 20μm 的金刚石压头。

仿真实验通过软件 Abaqus/Explicit 2017 实施，高体积分数 SiCp/5083Al 复合材料的 3D 微观多相几何模型构建借助软件 C++、Matlab 和 Solidworks 实现。

3.2 高体积分数 SiCp/Al 复合材料的 3D 微观多相有限元模型构建

3.2.1 增强颗粒的 3D 随机几何建模

商业黑 SiC 颗粒具有多面体结构[235]，图 3.1 是商业黑 SiC 颗粒显微特征。基于商业黑 SiC 颗粒显微特征，在 xyz 笛卡尔坐标系内创建多面体 SiC 颗粒的几何模型，其基本建模过程是：先在 xy 平面创建 2D 三角形，然后将其沿着 z 轴拉伸创建 3D 五面体，对 z 轴方向的不同棱边进行倒角处理，得到五面体至八面体，达到符合 SiC 颗粒显微结构的目的，几何模型创建过程如图 3.2 所示。在图 3.2（a）所示的 2D 三角形中，l 和 b 分别是长轴和短轴，b/l 是长度比，l_y/l 是变化因子，在本书中，将长轴 l、长度比 b/l 分别设定为增强颗粒直径和第一纵横比，$0.5 \leqslant b/l \leqslant 1$，变化因子 l_y/l 的取值范围是 [0，1]，可以通过粒径、纵横比和变化因子实现 2D 三角形的尺寸和形状变化。如图 3.2（b）所示，将 2D 三角形沿着 z 轴拉伸成五面体，其拉伸长度为 a，a/l 是第二个长度比，并将其设置为第二纵横比，$0.5 \leqslant a/l \leqslant 1$。如图 3.2（c）～（e）所示，对图 3.2（b）中五面体的 z 轴方向棱边进行不同个数的倒角处理，分别得到六面体、七面体和八面体，倒角尺寸为 C，设置 C/l 为倒角率，其取值范围设定为 [0.1，0.2]。在建模过程中，增强颗粒的均径 D_0 和均方差 S 由用户给定，第一纵横比 b/l、第二纵横比 a/l、变化因子 l_y/l、倒角数目 n（$0 \leqslant n \leqslant 3$）和倒角率 C/l 由算法随机获取，继而得到形状和尺寸随机的 SiC 颗粒 3D 几何模型。

SiC 颗粒的 3D 随机几何模型创建流程如图 3.3 所示。

由图 3.3 可知，SiC 颗粒的 3D 随机几何模型创建具体步骤如下：

第一步：用户输入数据，包括增强颗粒的均径 D_0、均方差 S、体积分数 f_{v0} 和总体积 V_0。

第二步：利用 Matlab 随机函数生成第 i 个增强颗粒的随机参数数值：颗

3.2 高体积分数 SiCp/Al 复合材料的 3D 微观多相有限元模型构建

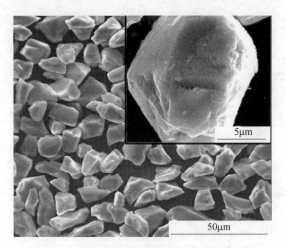

图 3.1 商业黑 SiC 颗粒的显微特征[235]

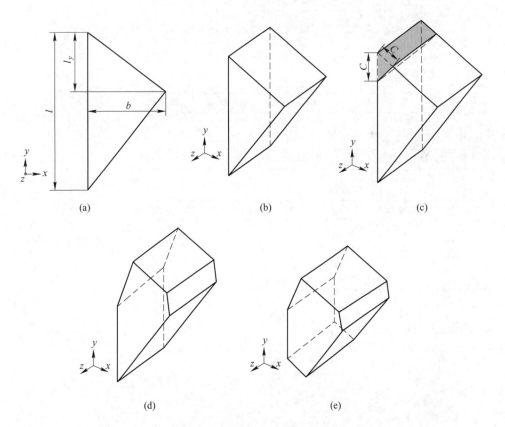

图 3.2 SiC 颗粒的 3D 随机几何建模

(a) 2D 三角形；(b) 拉伸的五面体颗粒；(c) 通过一个倒角实现的六面体颗粒；
(d) 通过两个倒角实现的七面体颗粒；(e) 通过三个倒角实现的八面体颗粒

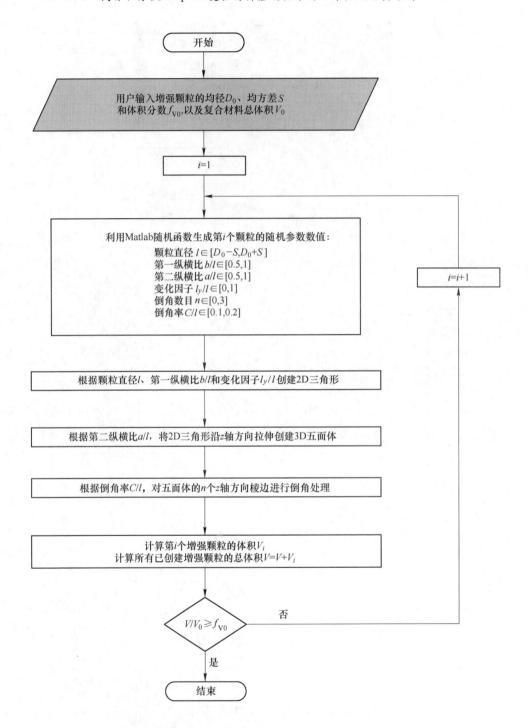

图 3.3 增强颗粒的 3D 随机几何建模流程

3.2 高体积分数 SiCp/Al 复合材料的 3D 微观多相有限元模型构建

粒直径 $l \in [D_0 - S, D_0 + S]$，第一纵横比 $b/l \in [0.5, 1]$，第二纵横比 $a/l \in [0.5, 1]$，变化因子 $l_y/l \in [0, 1]$，倒角数目 $n \in [0, 3]$，倒角率 $C/l \in [0.1, 0.2]$。

第三步：根据颗粒直径 l、第一纵横比 b/l 和变化因子 l_y/l 创建 2D 三角形。

第四步：根据第二纵横比 a/l，将 2D 三角形沿 z 轴方向拉伸创建 3D 五面体。

第五步：根据倒角率 C/l，对五面体的 n 个 z 轴方向棱边进行倒角处理。

第六步：计算第 i 个增强颗粒体积 V_i，计算所有已创建增强颗粒的总体积 $V = V + V_i$。

第七步：判断所有已创建增强颗粒的总体积是否达到体积分数要求，即 $V/V_0 \geq f_{V0}$，如果满足条件则进入第八步，如果不满足，则 $i = i+1$，返回第二步，创建下一个增强颗粒的随机 3D 几何模型。

第八步：结束增强颗粒的随机 3D 几何模型创建。

3.2.2 增强颗粒投放

本书采用随机顺序添加方式将已建立的增强颗粒几何模型按照粒径由大到小的顺序随机投放到基体中。增强颗粒投放实施的难点和计算量最大的任务是投放颗粒与已投放颗粒的重叠探测，本书借助软件 Solidworks 的干涉检查功能并对其进行二次开发以实施增强颗粒重叠探测，降低该任务实施的难度。

增强颗粒投放的流程如图 3.4 所示。

由图 3.4 可知，增强颗粒投放的具体步骤如下：

第一步：用户输入基体尺寸，由增强颗粒几何建模程序获得增强颗粒数目 n。

第二步：已创建的增强颗粒按照颗粒直径 l 由大到小排序。

第三步：按顺序抽取出第 i 个增强颗粒。

第四步：利用 Matlab 随机函数试探生成第 i 个颗粒的 3D 随机位置坐标，$x_i \in [0, l]$，$y_i \in [0, m]$，$z_i \in [0, h]$。

第五步：借助软件 Solidworks 的干涉检测功能对第 i 个增强颗粒与已投放增强颗粒的重叠情况进行探测。

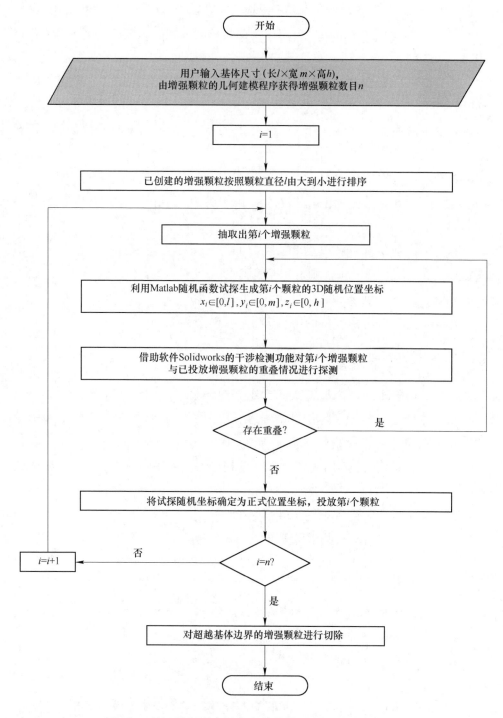

图 3.4　基于随机顺序添加方式的增强颗粒投放流程图

第六步：得出重叠探测结果，如果存在重叠情况，则返回第四步，重新利用 Matlab 随机函数试探生成第 i 个颗粒的 3D 随机位置坐标，否则，进入第七步。

第七步：将试探随机坐标确定为正式位置坐标，投放第 i 个颗粒。

第八步：判断是否完成所有增强颗粒投放任务，即 $i=n$ 是否满足，如果不满足，则 $i=i+1$，返回第三步，继续投放下一个增强颗粒，否则，进入第九步。

第九步：对超越基体边界的增强颗粒进行切除。

第十步：结束增强颗粒投放。

基于上述增强颗粒 3D 随机几何模型创建方法和投放方式，可以完成具有特定增强颗粒均径和体积分数以及基体尺寸的颗粒增强金属基复合材料 3D 微观多相几何模型构建，实现增强颗粒形状、尺寸和位置的随机变化。依据本章采用的 SiCp/5083Al 复合材料参数，即均径为 20μm、均方差为 5μm、体积分数为 55%，以及仿真实验所需复合材料尺寸，创建 SiCp/5083Al 的增强颗粒群几何模型，如图 3.5 所示。

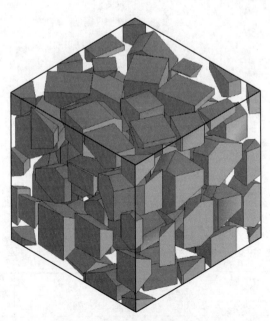

图 3.5　体积分数为 55% 的增强颗粒群的 3D 几何模型

3.2.3 网格划分

增强颗粒群几何模型创建成功后,将其导入软件 Abaqus/Explicit 2017,首先基于增强颗粒群对基体进行布尔减操作以获得基体几何结构,然后实施增强颗粒群与基体装配,最后对增强颗粒群和基体进行网格划分,采用 10 节点热力耦合二阶四面体网格划分技术。增强颗粒群和基体的网格划分如图 3.6 所示。

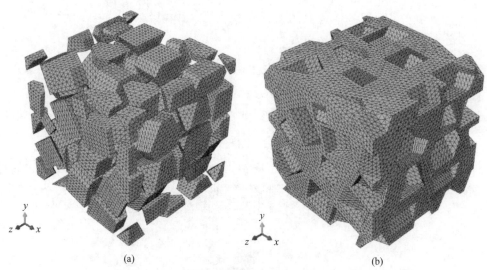

图 3.6　SiC 增强颗粒群和 Al 基体的网格划分
(a) SiC 增强颗粒群;(b) Al 基体

3.2.4 材料属性和本构模型

SiCp/5083Al 复合材料的 3D 微观多相有限元模型需要 SiC 和 5083Al 的基本材料属性和本构模型,单磨粒划刻仿真分析还需要磨粒(金刚石)的材料属性。SiC、5083Al 和金刚石的基本材料属性如表 3.1 所示,其由相关文献获取。

表 3.1　SiC、5083Al 和金刚石的基本材料属性

材料属性	SiC[236]	5083Al[237]	金刚石[238]
弹性模量/MPa	420000	70000	650000
泊松比	0.14	0.3	0.25

续表 3.1

材料属性	SiC[236]	5083Al[237]	金刚石[238]
密度/t·mm^{-3}	3.13×10^{-9}	2.71×10^{-9}	1.19×10^{-8}
热导率/W·(m·K)$^{-1}$	81	173	35
体膨胀系数/K^{-1}	4.90×10^{-6}	2.36×10^{-5}	4.00×10^{-6}
比热容/J·(kg·K)$^{-1}$	4.27×10^8	9.1×10^8	15×10^8
非弹性热分数	0.9	0.9	0.9

5083Al 是典型的金属材料，采用广泛应用于金属切削加工有限元仿真分析的 Johnson-Cook 材料本构模型和 Johnson-Cook 材料损伤准则构建 5083Al 本构模型。Johnson-Cook 的材料本构模型表达式如下[239]：

$$\bar{\sigma} = [A + B(\bar{\varepsilon}^{pl})^n]\left[1 + C\ln\left(\frac{\dot{\bar{\varepsilon}}^{pl}}{\dot{\varepsilon}_0}\right)\right]\left[1 - \left(\frac{T - T_{room}}{T_{melt} - T_{room}}\right)^m\right] \quad (3.1)$$

式中 $\bar{\sigma}$——等效流变应力；

$\bar{\varepsilon}^{pl}$——等效塑性应变；

$\dot{\bar{\varepsilon}}^{pl}$——等效塑性应变率；

$\dot{\varepsilon}_0$——参考塑性应变率；

T——材料的实时温度；

T_{room}——室温；

T_{melt}——熔化温度；

A——初始屈服强度；

B——应变硬化模量；

C——应变率敏感系数；

n——应变硬化系数；

m——热软化系数。

5083Al 的 Johnson-Cook 材料本构模型参数如表 3.2 所示。

表 3.2　5083Al 的 Johnson-Cook 材料本构模型参数[240]

A/MPa	B/MPa	n	m	T_{melt}/K	T_{room}/K	C	$\dot{\varepsilon}_0$
167	596	0.551	0.859	893	293	0.001	1

Johnson-Cook 损伤准则的表达式如下[240]:

$$\bar{\varepsilon}_f^{pl} = (D_1 + D_2 e^{D_3 \eta})\left[1 + D_4 \ln\left(\frac{\dot{\bar{\varepsilon}}^{pl}}{\dot{\varepsilon}_0}\right)\right]\left(1 + D_5 \frac{T - T_{room}}{T_{melt} - T_{room}}\right) \quad (3.2)$$

式中 D_1,D_2,D_3,D_4,D_5——材料常数;

$\dot{\varepsilon}_0$——参考应变率;

η——压力与等效应力比值。

5083Al 的 Johnson-Cook 损伤准则参数如表 3.3 所示。

表 3.3 5083Al 的 Johnson-Cook 损伤准则参数[240]

D_1	D_2	D_3	D_4	D_5	$\bar{\omega}_f^{pl}$
0.0261	0.263	-0.349	0.147	16.8	2.1×10^{-5}

损伤断裂(即切屑分离)发生的条件是损伤参数 ω = 1,其数值由式(3.3)计算:

$$\omega = \sum \frac{\Delta \bar{\omega}^{pl}}{\bar{\omega}_f^{pl}} \quad (3.3)$$

式中 $\Delta \bar{\omega}^{pl}$——等效塑性应变增量;

$\bar{\omega}_f^{pl}$——触发损伤的等效塑性应变量。

SiC 是典型的硬脆材料,在目前的 SiCp/Al 复合材料切削仿真分析中,SiC 的材料本构模型几乎都采用带有损伤萌发的线弹性本构模型,而本书采用 Johnson-Holmquist-Beissel(JHB)本构模型,该模型更适合大应变量和高应变率的 SiC 切削加工过程[236]。未损伤的 SiC 强度(损伤变量 D = 0 时)由式(3.4)计算:

$$\begin{cases} \sigma = (1 + C\ln\dot{\varepsilon}^*)[\sigma_i(P + T)/(P_i + T)] & (P \leqslant P_i) \\ \sigma = (1 + C\ln\dot{\varepsilon}^*)\{\sigma_i + (\sigma_i^{max} - \sigma_i)\{1 - \exp[-\alpha_i(P - P_i)]\}\} & (P > P_i) \end{cases} \quad (3.4)$$

其中,$\alpha_i = \sigma_i/[(\sigma_i^{max} - \sigma_i)(P_i + T)]$。

式中 P_i,T,σ_i,σ_i^{max},C——材料参数;

$\dot{\varepsilon}^*$——无量纲等效应变率,$\dot{\varepsilon}^* = \dot{\varepsilon}^{pl}/\dot{\varepsilon}_0$,其中 $\dot{\varepsilon}^{pl}$ 和 $\dot{\varepsilon}_0$ 分别是等效塑性应变率和参考应变率;

P——压力函数。

P 可由式 (3.5) 计算:

$$\begin{cases} P = K_1\mu + K_2\mu^2 + K_3\mu^3 - K_1\mu_f + \sqrt{(K_1\mu_f)^2 + 2\beta K_1 \Delta U} & (\mu \geqslant 0, \mu_f > 0) \\ P = K_1\mu + K_2\mu^2 + K_3\mu^3 & (\mu \geqslant 0, \mu_f \leqslant 0) \\ P = K_1\mu & (\mu < 0) \end{cases}$$
(3.5)

$$\mu = \rho/\rho_0 - 1$$

式中　K_1, K_2, K_3——材料常数；

　　　ρ_0——参考密度；

　　　ρ——当前密度；

　　　μ_f——失效时的 μ 值；

　　　β——弹性能损失率；

　　　ΔU——扩张增量。

完全损伤（断裂）的 SiC 强度（损伤变量 $D = 1$ 时）由式 (3.6) 计算:

$$\begin{cases} \sigma = (1 + C\ln\dot{\varepsilon}^*)(\sigma_f P/P_f) & (P \leqslant P_f) \\ \sigma = (1 + C\ln\dot{\varepsilon}^*)\{\sigma_f + (\sigma_f^{max} - \sigma_f)\{1 - \exp[-\alpha_f(P - P_f)]\}\} & (P > P_f) \end{cases}$$
(3.6)

其中, $\alpha_f = \sigma_f/[(\sigma_f^{max} - \sigma_f)P_f]$。

式中　P_f, σ_f, σ_f^{max}——材料参数。

材料损伤萌发变量 ω, 材料损伤随着 ω 增大而积累, 当 $\omega = 1$ 时, 说明损伤萌发。ω 可由式 (3.7) 计算:

$$\omega = \sum \frac{\Delta \bar{\varepsilon}^{pl}}{\bar{\varepsilon}_f^{pl}(P)} \tag{3.7}$$

其中, $\Delta \bar{\varepsilon}^{pl}$ 是等效塑性应变增量, $\bar{\varepsilon}_f^{pl}(P)$ 由式 (3.8) 计算:

$$\bar{\varepsilon}_f^{pl}(P) = D_1(P^* + T^*)^{D_2} \quad (\bar{\varepsilon}_{f,\,min}^{pl} \leqslant \bar{\varepsilon}_f^{pl} \leqslant \bar{\varepsilon}_{f,\,max}^{pl}) \tag{3.8}$$

$$P^* = P/\sigma_i^{max}$$

$$T^* = T/\sigma_i^{max}$$

式中　D_1, D_2——材料常数；

$\overline{\varepsilon}_{\mathrm{f,\,min}}^{\mathrm{pl}}$ ——最小断裂应变。

$\overline{\varepsilon}_{\mathrm{f,\,max}}^{\mathrm{pl}}$ ——最大断裂应变。

JHB 本构模型假设当脆性损伤萌发时，断裂立即发生，即 $\omega=1$ 时，$D=1$；$\omega<1$ 时，没有损伤，$D=0$。SiC 的 JHB 本构模型参数如表 3.4 所示。

表 3.4　SiC 的 JHB 本构模型参数[236]

	$\rho_0 /\mathrm{t\cdot mm^{-3}}$	G/MPa	σ_i/MPa	P_i/MPa	σ_f/MPa	P_f/MPa	C	$\dot{\varepsilon}_0$
1	3.13×10^{-9}	1.93×10^5	4.92×10^3	1.5×10^3	1×10^2	2.5×10^2	0.009	1.0
	T/MPa	$\sigma_i^{\max}/\mathrm{MPa}$	$\sigma_f^{\max}/\mathrm{MPa}$	β	D_1	D_2	$\overline{\varepsilon}_{\mathrm{f,\,min}}^{\mathrm{pl}}$	
2	7.5×10^2	1.22×10^2	2×10^2	1.0	0.16	1.0	999	
	K_1/MPa	K_2/MPa	K_3/MPa					
3	2.2×10^5	3.61×10^5	0					

金刚石磨粒因其具有很高的弹性模量，被简化为分析刚体，有限元仿真分析所需的金刚石材料参数如表 3.1 所示。

3.2.5　增强颗粒-金属基界面模型构建

增强颗粒与金属基体的界面属性对颗粒增强金属基复合材料的材料去除行为和表面及亚表面损伤形成起到重要作用。相对于复合材料的两相组成材料，界面尺寸很小，故界面厚度可以忽略。本节构建两种界面模型，分别是：（1）考虑损伤和失效的内聚界面；（2）内聚界面失效后的两相摩擦界面。基于软件 Abaqus/Explicit 2017，内聚界面通过内聚行为模型和损伤模型实现，摩擦界面采用通用接触模块中的切向行为模型和法向行为模型。

内聚行为模型规定只有初始处于接触状态的从动节点将经历内聚行为，采用牵引分离准则模型，由式（3.9）计算：

$$t=\begin{Bmatrix}t_{\mathrm{n}}\\ t_{\mathrm{s}}\\ t_{\mathrm{t}}\end{Bmatrix}=\begin{bmatrix}K_{\mathrm{n}}&0&0\\ 0&K_{\mathrm{s}}&0\\ 0&0&K_{\mathrm{t}}\end{bmatrix}\begin{Bmatrix}\delta_{\mathrm{n}}\\ \delta_{\mathrm{s}}\\ \delta_{\mathrm{t}}\end{Bmatrix}=\boldsymbol{K\delta} \quad (3.9)$$

式中 t——公称拉应力向量；

t_n——公称拉应力向量 t 的法向分量；

t_s——公称拉应力向量 t 的剪切分量Ⅰ；

t_t——公称拉应力向量 t 的剪切分量Ⅱ；

δ_n——t_n 对应的分离位移量；

δ_s——t_s 对应的分离位移量；

δ_t——t_t 对应的分离位移量；

K_n——t_n 法向的未损伤刚度；

K_s——t_s 切向的未损伤刚度；

K_t——t_t 切向的未损伤刚度。

根据 S. Lotfian[237]，未损伤刚度 K_n、K_s 和 K_t 设置为 $1×10^{12}$ MPa/mm。

内聚损伤模型包括损伤萌发和损伤演化，当应力达到内聚界面强度 t^0 时，损伤萌发，而损伤转变为失效断裂则由断裂能 Γ 决定，二者数值由相关文献获取。关于 SiC-Al 内聚界面强度 t^0 数值，Guo[241]设计一种有效测量界面强度的新方法，实验测得 t^0 = 133 ± 26MPa；Nan[242]和 Su[235]合理地判定内聚界面强度满足如下关系，即 $t^0 \sim 1/d^{1/2}$，其中 d 是增强颗粒的均径，根据该关系式，可推断当增强颗粒均径为 20μm 时，t^0 = 138MPa，断裂能 Γ = 91.9J/m^2，该结果与 Guo[241]实验测得的结果高度一致。所以，针对本书的体积分数为 55% 的 SiCp/5083Al 复合材料，内聚界面力学性能参数设置为：内聚界面强度 $t^0 = t_n^0 = t_s^0 = t_t^0$ = 133MPa，断裂能 Γ = 0.0919mJ/mm^2。

针对内聚界面失效后的两相摩擦界面，库仑摩擦定律用于构建切向滑移摩擦，其摩擦因数 μ = 0.3，硬接触模型用于构建法向的挤压—穿透行为。

3.2.6 接触模型构建

增强颗粒与增强颗粒、磨粒与增强颗粒、磨粒与基体的接触属于常规接触关系，采用库仑摩擦定律和硬接触模型分别构建切向滑移摩擦和法向挤压—穿透行为。摩擦系数设置如下：增强颗粒与增强颗粒 μ = 0.4，磨粒与增强颗粒 μ = 0.1，磨粒与基体 μ = 0.15。

3.3 仿真分析实验方案

针对材料去除行为和表面形貌及亚表面状态演化，采用与第 2 章划刻实验相同的实验方案，以便对比验证。递增的法向力通过磨粒（压头）持续施加在试件表面，法向力以递增速度 50N/min 由 0 逐渐递增到 20N，同时，试件以速度 10mm/min 进行匀速直线运动。为了减小计算量，将划刻过程划分为三个子步，如图 3.7 所示，第 $i+1$ 个子步的划刻初始深度等于第 i 个子步的划刻终止深度。

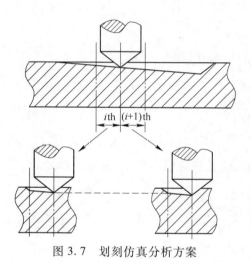

图 3.7 划刻仿真分析方案

(1th = 25.4×10^{-3}mm)

3.4 单磨粒划刻仿真分析结果

影响高体积分数 SiCp/Al 复合材料磨削和划刻力学性能的因素很多，例如增强颗粒去除行为、磨粒与增强颗粒接触状态、增强颗粒与基体界面行为和增强颗粒在基体中的运动等。本节将通过单磨粒划刻仿真分析探究划刻深度对材料去除行为和表面形貌及亚表面状态演化的影响。

3.4.1 材料去除行为和亚表面状态演变

3.4.1.1 划刻初始阶段

在划刻初始阶段，法向划刻力为 0~5N，划刻深度为 0~0.006mm。划刻模型沿着划刻方向的纵向剖面如图 3.8 所示，划刻方向由右向左。当划刻深度很小，且磨粒只作用于 SiC 颗粒时，SiC 颗粒和 Al 基体只发生弹性变形，当磨粒从 SiC 颗粒移动到 Al 基体后，SiC 颗粒和 Al 基体都反弹恢复到原始状态，未发生材料去除，如图 3.8（a）和图 3.8（b）所示。随着划刻深度增加，当磨粒划入 Al 基体时，Al 基体发生塑性去除，如图 3.8（c）所示。当磨粒从 Al 基体再次划入 SiC 颗粒时，由于磨粒切削刃是负前角，SiC 颗粒发生小角度偏转和向划刻前下方移动，并靠近其他 SiC 颗粒。随着磨粒向前移动，SiC 颗粒不断挤压颗粒间的 Al 基体，致使 Al 基体发生扭曲变形，此时 SiC 颗粒主要发生塑性域去除，如图 3.8（d）和图 3.8（e）所示；但是当增强颗粒间发生碰撞时，由于冲击作用，SiC 颗粒发生脆性域去除，虽然在划刻模型的纵向剖面未发现此现象，但在划刻模型的横向剖面发现了此现象，这也说明了 2D 仿真分析无法揭示空间全局变化的弊端，3D 仿真分析是必要的。因为 SiC 颗粒的高密度分布，磨粒高频率地与 SiC 颗粒接触，如图 3.8（f）所示，磨粒切削一个 SiC 颗粒后，立刻切削另一个 SiC 颗粒。

在划刻过程中，等效应力变化的纵向剖面和横向剖面分别如图 3.9 和图 3.10 所示，其中横向剖面是垂直于划刻方向的剖面。因为 SiC 颗粒具有高硬

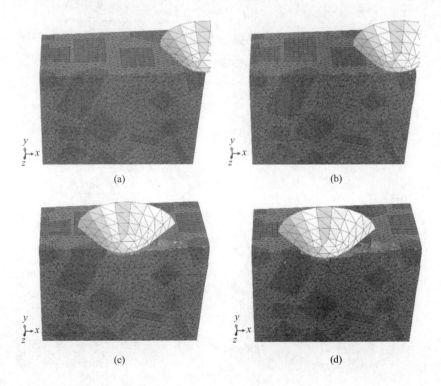

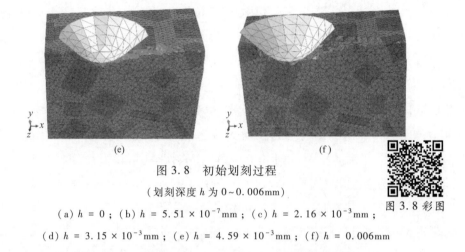

图 3.8 初始划刻过程

(划刻深度 h 为 0~0.006mm)

(a) $h = 0$; (b) $h = 5.51 \times 10^{-7}$mm; (c) $h = 2.16 \times 10^{-3}$mm;
(d) $h = 3.15 \times 10^{-3}$mm; (e) $h = 4.59 \times 10^{-3}$mm; (f) $h = 0.006$mm

图 3.8 彩图

度,所以载荷主要由 SiC 颗粒承受。如图 3.9 所示,在纵向剖面中,等效应力由与磨粒接触的部位向划刻前下方扩散,划刻前下方的 SiC 颗粒阻隔应力扩散,可见,SiC 颗粒提升了 Al 基体的抗变形能力。

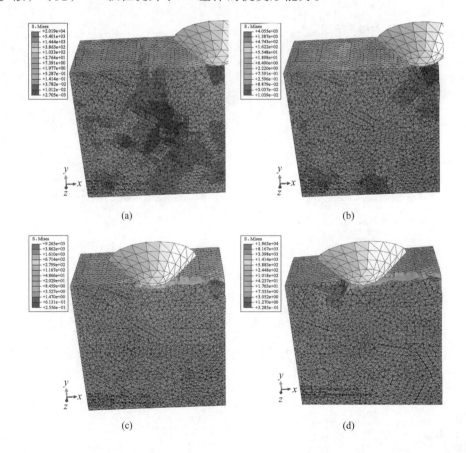

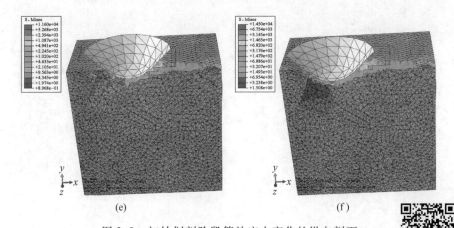

图 3.9　初始划刻阶段等效应力变化的纵向剖面

(a) $h = 0$；(b) $h = 5.51 \times 10^{-7}$mm；(c) $h = 2.16 \times 10^{-3}$mm；
(d) $h = 3.15 \times 10^{-3}$mm；(e) $h = 4.59 \times 10^{-3}$mm；(f) $h = 0.006$mm

图3.9彩图

图3.9揭示了4种情况：（1）当磨粒只划刻SiC颗粒时，SiC颗粒承受极高的应力，如图3.9（a）、图3.9（e）和图3.9（f）所示；（2）当磨粒只划刻Al基体时，与磨粒接触的Al基体区域呈现较大应力，积累的应力由此区域扩散传递到划刻前下方的SiC颗粒，SiC颗粒的应力值明显高于周围Al基体，如图3.9（c）所示；（3）当磨粒离开SiC颗粒划入Al基体时，Al基体的应力突增，SiC颗粒的应力降低，如图3.9（b）所示；（4）当磨粒离开Al基体划入SiC颗粒时，很大的应力集中出现在磨粒与SiC颗粒接触区，如图3.9（d）所示。如图3.9（d）～（f）所示，当磨粒在SiC颗粒划刻时，随着划刻深度逐渐增加，SiC颗粒所受应力增大，并逐渐转移到SiC颗粒的左侧，导致SiC颗粒损伤萌发，同时，应力通过Al基体传递至划刻前下方的其他SiC颗粒，在这个过程中，SiC颗粒实现塑性域去除。值得注意的是，在SiC颗粒之间的Al基体呈现应力激增现象，发生严重变形，直至达到损伤极限而被去除。

图3.10是特定横截面的等效应力随划刻时间的变化情况，横截面的剖分位置如图3.10（a）所示。如图3.10所示，应力由与磨粒接触的区域分别向下方、左方和右方扩散。随着磨粒行进，划刻深度增加，与磨粒接触的SiC颗粒呈现越来越大的应力，并被推挤而靠近其他SiC颗粒，如图3.10（b）和图3.10（c）所示。同时，SiC颗粒之间的Al基体被挤压而发生严重

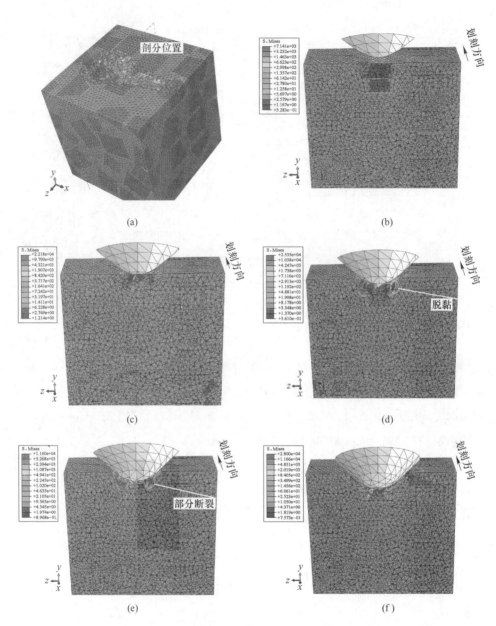

图 3.10 初始划刻阶段等效应力变化的横向剖面

(a) 剖分方案；(b) $t = 0.294s$；(c) $t = 0.315s$；(d) $t = 0.336s$；
(e) $t = 0.356s$；(f) $t = 0.419s$

图 3.10 彩图

变形。在初始时期，SiC颗粒主要经历塑性域去除，如图3.10（c）和图3.10（d）所示，随着SiC颗粒相互冲击碰撞，SiC颗粒发生脆性断裂，如图3.10（e）所示。因为SiC颗粒在磨粒作用下发生偏转和SiC-Al界面具有弱黏结力属性，SiC-Al界面发生部分脱黏，如图3.10（d）所示。在划刻过程中，磨粒将其两侧的SiC颗粒向两边推挤。当划刻深度较小时，SiC颗粒可以实现高质量去除，如图3.10（f）所示。

在划刻初始阶段，Al基体和SiC颗粒主要经历高质量去除，分析其原因如下：足够小的划刻深度和Al基体的柔性支撑作用有利于SiC颗粒的塑性域去除；当划刻深度较小时，SiC颗粒在Al基体中的移动量很小，SiC-Al界面脱黏和SiC颗粒相互冲击碰撞也较少发生。但是，因为高体积分数SiCp/Al复合材料的SiC颗粒间距很小且分布随机性很大，所以即使在较小划刻深度时，SiC颗粒相互冲击碰撞仍然偶尔发生，进而导致SiC颗粒脆性域去除和界面脱黏现象偶尔出现，如图3.10（d）和图3.10（e）所示。

从图3.10（e）和图3.10（f）中可以看出，当划刻深度较大时，SiC颗粒脆性断裂和SiC颗粒相互冲击碰撞诱发了较严重的亚表面损伤。

图3.11是SiC颗粒群在划刻初始阶段结束时的状态，可见SiC颗粒群基本保持着原始位置关系，但仍呈现出如下趋势：加工表面下的SiC增强颗粒被磨粒向前推挤，致使SiC增强颗粒在磨粒前方出现团聚现象，而在已加工表面以下的SiC增强颗粒间距随Al基体塑性滑移而变大，密度减小。

3.4.1.2 划刻中间阶段

在划刻中间阶段，法向划刻力为5~12N，划刻深度为0.006~0.0385mm。划刻模型沿着划刻方向的纵向剖面如图3.12所示，划刻方向由右向左。在此阶段，SiC-Al界面脱黏、界面周围Al基体的严重变形和SiC颗粒相互冲击碰撞现象发生的频率越来越高，程度越来越严重，如图3.12（a）、图3.12（b）、图3.12（d）和图3.12（e）所示。很明显，当SiC颗粒相互冲击碰撞发生时，SiC颗粒脆性域去除普遍发生，如图3.12（a）所示，说明对于高体积分数SiCp/Al复合材料而言，SiC颗粒间距很小，SiC颗粒相互冲击碰撞是SiC颗粒脆性域去除的重要诱因之一。随着磨粒行进，与磨粒接触的SiC颗粒被推挤而向划刻前下方产生较大移动和横向偏转，诱发较严重的Al基体变形和SiC-Al界面脱黏，如图3.12（c）和图3.12（e）所示。被去除的大多数SiC碎片以磨屑的形式被排出，但一些偶然现象也会发生,例如 SiC 碎片被再次挤压入 Al 基体(见图 3.12(d)和图 3.12(f))、磨粒推挤 SiC 碎片在已加工表面上移动并留下微小沟痕(见图 3.12(f))。此外,SiC 颗粒及 SiC-Al 界面的裂纹随着划刻深度增加而增多,如图 3.12(d)所示。

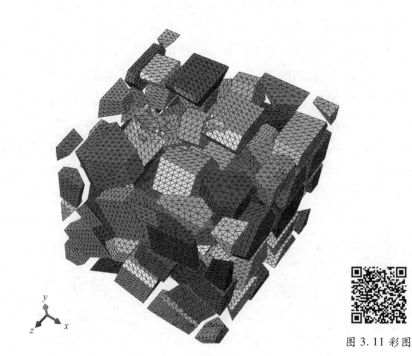

图 3.11 彩图

图 3.11 划刻初始阶段结束时的 SiC 颗粒群状态

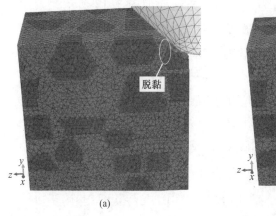

(a)

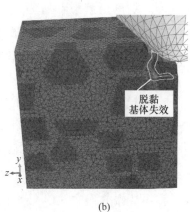

(b)

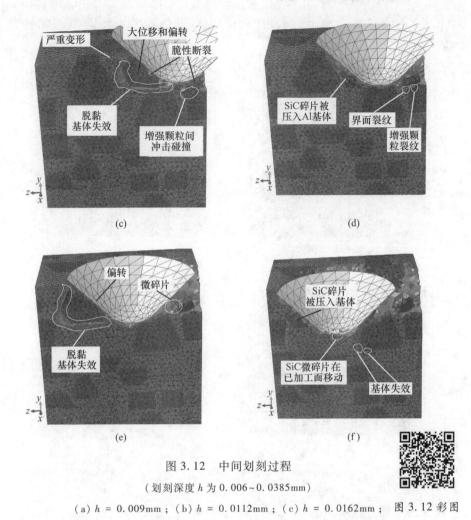

图 3.12 中间划刻过程

(划刻深度 h 为 $0.006\sim 0.0385$mm)

(a) $h=0.009$mm；(b) $h=0.0112$mm；(c) $h=0.0162$mm；
(d) $h=0.0212$mm；(e) $h=0.0290$mm；(f) $h=0.0385$mm

图 3.12 彩图

在划刻中间阶段，等效应力变化的纵向剖面和横向剖面分别如图 3.13 和图 3.14 所示，横向剖面的剖分位置如图 3.14（a）所示。划刻中间阶段的等效应力变化在纵向剖面和横向剖面的分布特征与划刻初始阶段是相似的，载荷主要由 SiC 颗粒承受，SiC 颗粒的应力明显比周围 Al 基体高，SiC 颗粒阻隔应力在 Al 基体扩散。纵向剖面的等效应力由磨粒接触区域向划刻前下方扩散（见图 3.13），横向剖面的等效应力由接触区域向下方和左右方扩散（见图 3.14）。如图 3.13 和图 3.14 所示，划刻中间阶段的等效应力数值比划刻初始阶段大，说明划刻深度增加诱发材料内部应力增大，导致 SiC-Al 界面脱黏、SiC 颗粒脆性断裂和 Al 基体扭曲变形等不利的材料去除行为恶化。

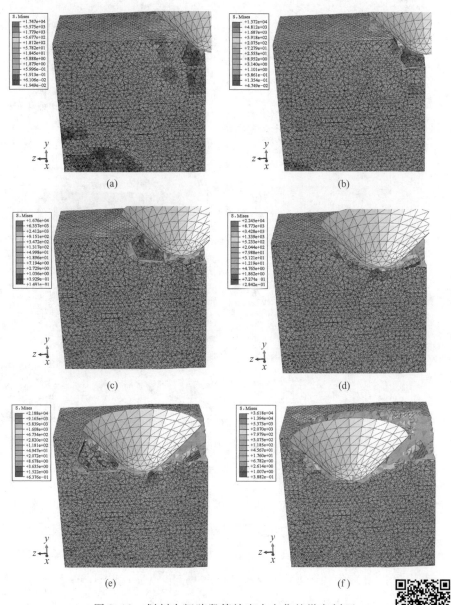

图 3.13　划刻中间阶段等效应力变化的纵向剖面
(a) $h = 0.009$mm；(b) $h = 0.0112$mm；(c) $h = 0.0162$mm；
(d) $h = 0.0212$mm；(e) $h = 0.0290$mm；(f) $h = 0.0385$mm

图 3.13 彩图

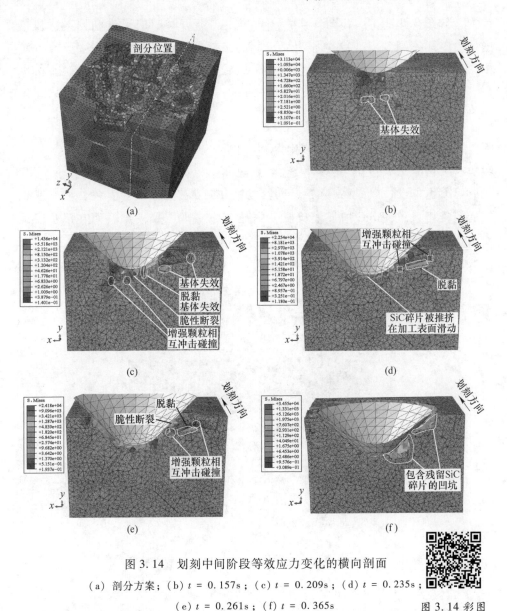

图 3.14 划刻中间阶段等效应力变化的横向剖面

(a) 剖分方案；(b) $t = 0.157s$；(c) $t = 0.209s$；(d) $t = 0.235s$；
(e) $t = 0.261s$；(f) $t = 0.365s$

图 3.14 揭示了材料去除在横向截面的演化过程。SiC 颗粒在磨粒作用下向下移动而靠近其他 SiC 颗粒，磨粒两侧的 SiC 颗粒被推挤而向两边移动和偏转。与划刻初始阶段相比，划刻中间阶段的材料去除行为显著恶化，Al 基体受挤压而扭曲变形、SiC-Al 界面脱黏和 SiC 颗粒相互冲击碰撞相继发生，SiC 颗粒相互冲击碰撞的普遍发生导致脆性域去除成为 SiC 颗粒的主要去除

行为,如图3.14(b)和图3.14(c)所示。随着磨粒的行进和划刻深度的增加,上述不利现象变得更加明显,同时,部分SiC碎片被磨粒去除并向前推挤,如图3.14(d)和图3.14(e)所示,出现了包含残留SiC碎片的凹坑,如图3.14(f)所示。

通过图3.12(d)~(f)和图3.14(b)~(f)可以看出,在划刻中间阶段,出现了严重的亚表面损伤,例如SiC裂纹、SiC-Al界面脱黏等,诱因是SiC脆性域去除和SiC颗粒相互冲击碰撞。

如图3.15所示,增强颗粒群的移动变化更加明显,即SiC增强颗粒被磨粒向前推挤,致使SiC增强颗粒群在磨粒前方出现团聚现象,而在已加工表面以下的SiC增强颗粒间距随Al基体塑性滑移而变大,密度减小。

图3.15 彩图

图3.15 划刻中间阶段结束时的SiC颗粒群状态

3.4.1.3 划刻最后阶段

在划刻最后阶段,法向划刻力为12~20N,划刻深度为0.0385~0.0764mm。划刻模型沿着划刻方向的纵向剖面如图3.16所示,划刻方向是由右向左。如图3.16所示,随着划刻深度递增,不利的材料去除行为显著增多,包括SiC颗粒相互冲击碰撞、SiC颗粒脆性断裂、SiC-Al界面脱黏和Al基体扭曲变形等。划刻表面形貌恶化,含有残留SiC碎片的凹坑激增,SiC-Al界面出现较大裂纹,如图3.16(e)和图3.16(f)所示。

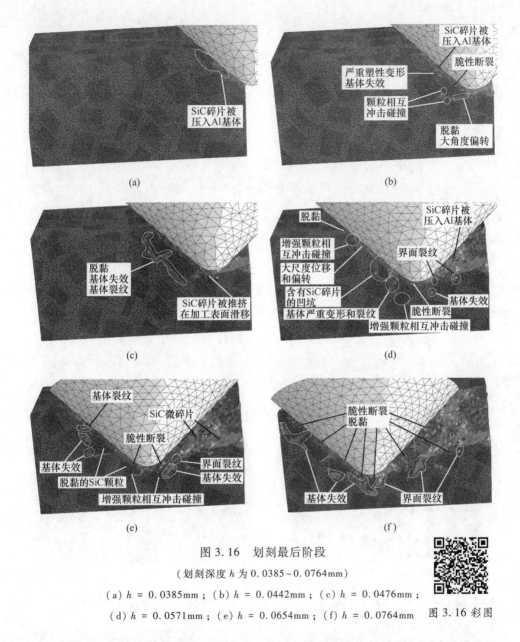

图 3.16 划刻最后阶段

（划刻深度 h 为 0.0385～0.0764mm）

(a) $h = 0.0385$mm；(b) $h = 0.0442$mm；(c) $h = 0.0476$mm；
(d) $h = 0.0571$mm；(e) $h = 0.0654$mm；(f) $h = 0.0764$mm

图 3.16 彩图

发生上述现象的原因是，在更大的划刻深度条件下，SiC 颗粒的位移量和偏转量大幅增加，进而导致 SiC 颗粒相互冲击碰撞、SiC-Al 界面脱黏普遍发生，如图 3.16（b）～（e）所示。在磨粒施加的高应力和 SiC 颗粒相互碰撞产生的极高冲击能的双重作用下，SiC 颗粒脆性断裂必然发生，如图 3.16

(b) 和图 3.16（d）～（f）所示。随着磨粒行进，SiC 颗粒发生脆性断裂后，大部分 SiC 碎片被去除，一小部分 SiC 碎片被再次挤压入 Al 基体，如图 3.16（a）、图 3.16（b）和图 3.16（d）所示；还有小部分 SiC 碎片被磨粒向前推挤，如图 3.16（e）和图 3.16（f）所示。在 SiC 颗粒相互冲击碰撞区域，Al 基体发生严重扭曲变形，大划刻深度导致 SiC 颗粒相互冲击碰撞频繁发生，故 Al 基体扭曲变形和撕裂现象普遍存在，如图 3.16（c）、图 3.16（e）和图 3.16（f）所示。由于 SiC 颗粒位移和 Al 基体形变的不协调性，当大划刻深度导致 SiC 颗粒发生较大移动和偏转时，SiC-Al 界面的局部小尺度脱黏演化为界面裂纹，如图 3.16（f）所示，相邻裂纹的扩展交叉导致划刻表面出现较大横向裂纹（详见第 3.4.2 节图 3.22（e））。在此过程中，含有 SiC 碎片的凹坑大量地出现在划刻表面（详见第 3.4.2 节图 3.22（d））。

在划刻最后阶段，等效应力变化的纵向剖面和横向剖面分别如图 3.17 和图 3.18 所示，横向剖面的剖分位置如图 3.18（a）所示。划刻最后阶段等效应力变化在纵向剖面和横向剖面的分布特征与划刻初始阶段及中间阶段是相似的，但差异依然存在，相较于划刻初始阶段和中间阶段，此阶段的 Al 基体等效应力值更高且更接近于 SiC 颗粒，原因是 SiC 颗粒对应力在 Al 基体扩散的阻隔效应随着划刻深度增加而减小。

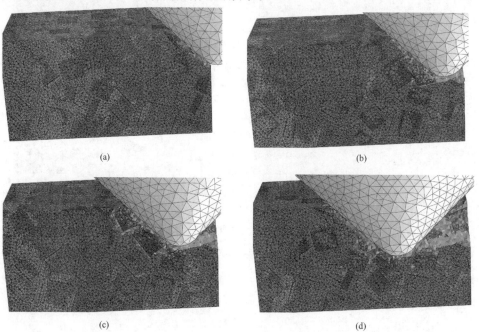

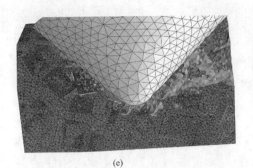
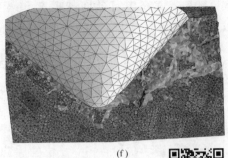

图 3.17 划刻最后阶段等效应力变化的纵向剖面

(a) h = 0.0385mm; (b) h = 0.0442mm; (c) h = 0.0476mm;
(d) h = 0.0571mm; (e) h = 0.0654mm; (f) h = 0.0764mm

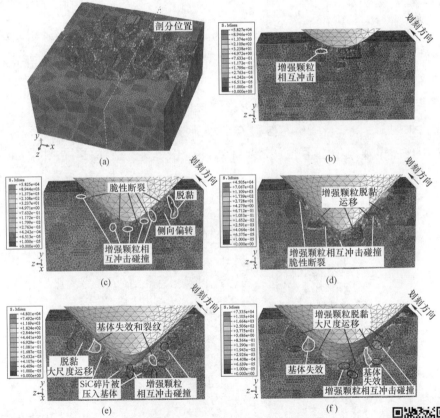

图 3.18 划刻最后阶段等效应力变化的横向剖面

(a) 剖分方案; (b) t = 0.445s; (c) t = 0.594s;
(d) t = 0.693s; (e) t = 0.842s; (f) t = 0.941s

材料去除在横向截面的演化过程如图 3.18 所示,随着划刻深度增加,SiC 颗粒的位移量明显增大,导致 SiC 颗粒相互冲击碰撞高频率发生(见图 3.18(b)~(f)),SiC 颗粒脆性断裂和 SiC-Al 界面脱黏现象更加普遍(见图 3.18(c)和图 3.18(d))。随着磨粒行进,SiC 颗粒被推挤向前移动(见图 3.18(d)~(f)),伴随着 Al 基体扭曲变形及撕裂(见图 3.18(e)和图 3.18(f)),SiC-Al 界面损伤加剧(详见第 3.4.2 节图 3.22(e))。

在划刻最后阶段,SiC 颗粒的去除方式是加剧的脆性域去除,高体积分数 SiCp/Al 复合材料去除行为恶化,例如 SiC 颗粒相互冲击碰撞、SiC-Al 界面脱黏、Al 基体扭曲变形和撕裂以及 SiC-Al 界面的较大裂纹。需要注意的是,SiC-Al 界面的较大裂纹通过扩散交叉演化为划刻表面横向裂纹(第 3.4.2 节介绍)。

通过图 3.16(d)~(f)和图 3.18(b)~(f)可以看出,大划刻深度诱发的 SiC 脆性断裂和 SiC 颗粒相互冲击碰撞导致加工亚表面损伤加剧,裂纹和界面脱黏现象普遍存在。

如图 3.19 所示,因为大划刻深度诱发更大的 SiC 颗粒位移量,所以下述现象更加明显:SiC 增强颗粒被磨粒向前推挤,致使 SiC 增强颗粒群在磨粒前方出现团聚现象,而在已加工表面以下的 SiC 增强颗粒间距随 Al 基体塑性滑移而变大。

图 3.19 划刻最后阶段结束时的 SiC 颗粒群状态

图 3.19 彩图

3.4.2 划刻表面形貌演化

划刻表面形貌是磨粒作用下材料去除行为的结果。图 3.20 是划刻初始阶段（划刻深度为 0~0.006mm）的划刻表面创成过程，可以看出，划刻表面创成过程是比较平稳的，划刻表面是光滑且少缺陷的，说明 SiC 颗粒实现高质量去除。

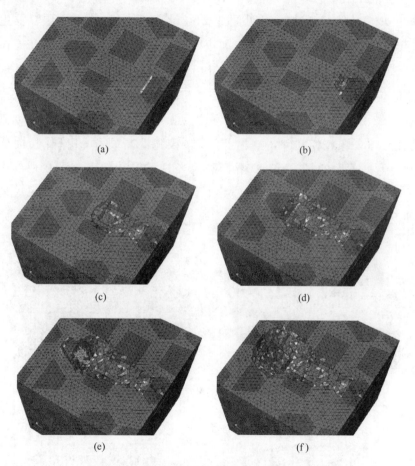

图 3.20　划刻初始阶段的划刻表面创成过程
（划刻深度为 0~0.006mm）
(a) $h = 1 \times 10^{-5}$mm；(b) $h = 3.843 \times 10^{-5}$mm；(c) $h = 0.00126$mm；
(d) $h = 0.00246$mm；(e) $h = 0.00451$mm；(f) $h = 0.00582$mm

图 3.20 彩图

图3.21是划刻中间阶段（划刻深度为0.006~0.0385mm）的划刻表面创成过程，随着划刻深度增加，SiC颗粒相互冲击碰撞现象增多，致使SiC颗粒脆性域去除特性增强（见图3.21（b）~（f）），同时，SiC颗粒间的Al基体产生严重的扭曲变形（见图3.21（b））。在此过程中，SiC颗粒分解为众多碎片，其中一些碎片被磨粒再次压入Al基体（见图3.21（c）~（f））。由于SiC颗粒位移与Al基体塑性变形的不一致性，SiC-Al界面脱黏现象出现，进一步演化为界面裂纹（见图3.21（f））。此外，在SiC颗粒发生脆性断裂后，上部的SiC碎片被磨粒切削去除，而下部的碎片仍保留在原位，形成含有SiC碎片的凹坑（见图3.21（f））。划刻表面因上述缺陷而呈现粗糙的表面形貌。

图3.22是划刻最后阶段（划刻深度为0.0385~0.0764mm）的划刻表面创成过程，SiC颗粒相互冲击碰撞、SiC颗粒脆性断裂和Al基体扭曲变形现象加剧。值得关注的是，SiC-Al界面裂纹经过扩展和相互交叉在划刻表面形成较大的横向裂纹，其是高体积分数颗粒增强金属基复合材料在很大划刻深度条件下出现的一类加工表面缺陷，如图3.22（d）和图3.22（e）所示。

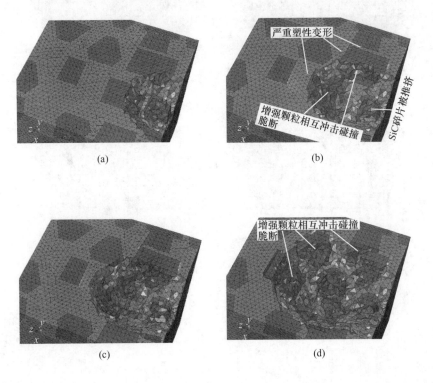

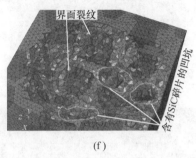

图 3.21 划刻中间阶段的划刻表面创成过程

（划刻深度 h 为 0.006~0.0385mm）

(a) h = 0.00713mm；(b) h = 0.00955mm；(c) h = 0.0163mm；
(d) h = 0.0254mm；(e) h = 0.030mm；(f) h = 0.0385mm

图 3.21 彩图

划刻表面的较大横向裂纹形成过程如下：随着磨粒行进，SiC 颗粒在磨粒作用下被迫向前移动，因为 SiC 颗粒位移和 Al 基体塑性变形的不协调性，大划刻深度诱发的较大 SiC 颗粒位移量导致 SiC-Al 界面产生局部脱黏，随着 SiC 颗粒进一步向前移动，局部界面脱黏演化为界面裂纹，随着界面裂纹进一步扩展，Al 基体产生撕裂（裂纹），界面裂纹和基体裂纹经过扩展与相互交叉最终演化为划刻表面的较大横向裂纹。

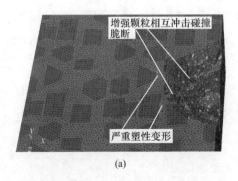
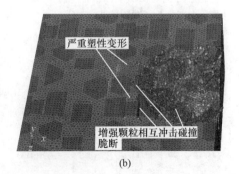

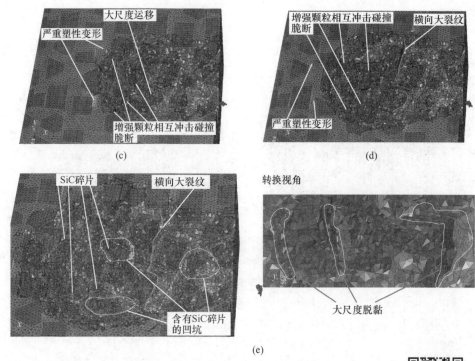

图 3.22 划刻最后阶段的划刻表面创成过程

（划刻深度 h 为 $0.0385 \sim 0.0764$mm）

(a) $h = 0.0427$mm；(b) $h = 0.0476$mm；
(c) $h = 0.0571$mm；(d) $h = 0.0629$mm；(e) $h = 0.0764$mm

图 3.22 彩图

随着划刻深度增加，划刻表面质量变差，由于磨粒切削刃的负前角效应，磨粒更倾向于将 SiC 碎片再次压入已划刻表面，导致 Al 基体受到 SiC 碎片挤压而产生扭曲变形（见图 3.22（b）~（e））。如图 3.22（e）所示，划刻表面缺陷主要出现在 SiC 颗粒、碎片自身或边界临近区域，例如横向裂纹、含有残余 SiC 颗粒碎片的凹坑和 SiC-Al 界面脱黏及裂纹等，由此可知，SiC 颗粒去除行为对划刻表面创成起到至关重要的作用，影响 SiC 颗粒去除行为的重要因素是划刻深度，即当划刻深度足够小时，SiC 颗粒可以实现高质量去除，否则，随着划刻深度增加，SiC 颗粒的脆性域去除特性加剧。

3.4.3 划刻仿真分析的实验验证

为了验证高体积分数 SiCp/Al 复合材料的 3D 微观多相有限元模型和划刻

仿真分析的有效性，对第2.2节划刻实验的高体积分数SiCp/Al复合材料划刻表面微观形貌和第3.4.2节划刻仿真分析的划刻表面微观形貌实施对比分析。因为本章的仿真分析实验采用与第2.2节划刻实验相同的划刻力学特征参数，所以对比分析的有效性得到保障。将第2.2.6节划刻实验的划刻表面微观形貌（见图2.24）和第3.4.2节划刻仿真分析的划刻表面微观形貌（见图3.22）列于图3.23。从图3.23中可以看出，划刻仿真创成的划刻表面微观形貌（见图3.23（c））再现了划刻实验的划刻表面微观形貌特征（见图3.23（a）和图3.23（b）），例如SiC颗粒脆断、含有SiC碎片的凹坑、SiC-Al界面脱黏和划刻表面的较大横向裂纹，说明高体积分数SiCp/Al复合材料的3D微观多相有限元模型和划刻仿真分析是有效的。

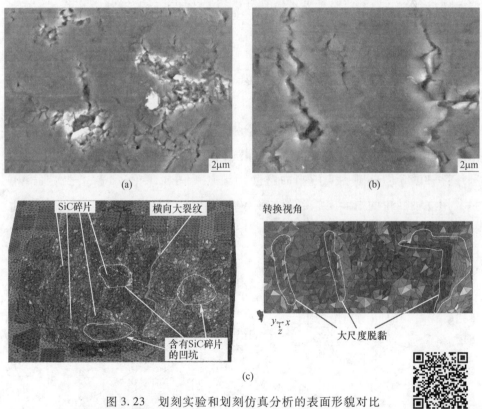

图3.23 划刻实验和划刻仿真分析的表面形貌对比
（a）划刻实验Ⅰ；（b）划刻实验Ⅱ；（c）划刻仿真分析

图3.23彩图

声明：划刻仿真分析的实验验证不止本节，第4.3.2节磨削表面微观形貌研究中，提供了划刻仿真分析的大量实验验证依据，相关阐述很多。

4 高体积分数 SiCp/Al 复合材料磨削表面形貌

由第 2 章和第 3 章可知,在宏观和介观尺度,高体积分数 SiCp/Al 复合材料在磨粒作用下的材料去除行为与基体金属材料相近,但在微观尺度,硬脆增强颗粒导致高体积分数 SiCp/Al 复合材料去除行为与基体金属材料又是不同的。理论分析、划刻实验和划刻仿真分析结果表明:硬脆增强颗粒和软塑金属基体的显著物理力学差异导致高体积分数 SiCp/Al 复合材料成为难加工材料,当增强颗粒脆性去除特性加剧时,表面质量变差,出现各种表面缺陷,划刻深度对材料去除行为和表面质量有重要影响。第 2 章和第 3 章的材料去除机理研究为高体积分数 SiCp/Al 复合材料磨削加工提供了理论参考依据。

本章开展高体积分数 SiCp/Al 复合材料平面磨削的表面形貌研究。本章采用两种平面磨削方法,即卧轴圆周磨削和立轴端面磨削,卧轴圆周磨削是利用卧轴砂轮的外圆周实施平面磨削加工(见图 4.1 (a)),立轴端面磨削是利用立轴砂轮的端面实施磨削加工(见图 4.1 (b))。对于立轴端面磨削,

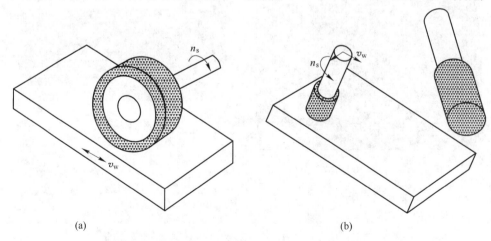

图 4.1 SiCp/Al 复合材料平面磨削的两种磨削方法
(a) 卧轴圆周磨削;(b) 立轴端面磨削

可以将磨具安装到加工中心或铣床,使其具有多自由度加工轨迹,实现复杂结构和曲面的精密加工。

本章首先根据高体积分数 SiCp/Al 复合材料加工表面缺陷特征,构建合理的表面形貌评价指标。其次,分析立轴端面磨削和卧轴圆周磨削工艺条件下的加工表面形貌及形成机制,通过单因素实验分析磨削工艺参数对加工表面形貌的基本影响规律,并验证本章提出的表面形貌评价指标的有效性。然后,基于本章提出的表面形貌评价指标,通过全因子实验开展磨削工艺参数对加工表面形貌的耦合影响规律研究,以获得最佳表面形貌为目标进行工艺参数优化。最后,对立轴端面磨削和卧轴圆周磨削工艺进行对比分析。

4.1 高体积分数颗粒增强金属基复合材料加工表面形貌评价指标

由第 2 章和第 3 章的划刻实验和划刻仿真分析可知,理论上,当加工深度足够小时,少缺陷的高体积分数 SiCp/Al 复合材料加工表面创成是可以实现的。但是,当加工深度较大时,多种加工表面缺陷出现,例如 SiC 颗粒裂纹、SiC-Al 界面脱黏、含有残余 SiC 碎片的凹坑和包含粉碎化 SiC 微粒的凌乱表面等。颗粒增强金属基复合材料加工表面的缺陷是复杂的、随机的,传统二维表面粗糙度已经无法满足其特殊的表面形貌特征。第 1.2.7 节的文献综述已经说明,很多学者[22-23,29,50,70,97,117,119,208-209,210-212]的研究成果表明三维表面粗糙度更适合于颗粒增强金属基复合材料加工表面形貌评价。

基于高体积分数 SiCp/Al 复合材料加工表面形貌特征,本节基于三维表面粗糙度的均方根偏差 S_q 和破碎面积比 S_{dr} 构建颗粒增强金属基复合材料表面形貌的综合评价指标。均方根偏差 S_q 是三维表面粗糙度的幅值参数,主要用于裂纹和凹坑等加工缺陷的高度方向统计,但其不能反映水平方向的形貌分布,所以本节同时采用综合参数——破碎面积比 S_{dr},来评价表面完整度。

(1)均方根偏差 S_q 是用于统计偏离基准面的高度偏差的平方加权,对最大峰高 R_p 和最大谷深 R_v 敏感度高,可以在最大程度上反映最大峰高 R_p 和最大谷深 R_v 对表面形貌的影响,也可以在一定程度反映峭度 R_{ku} 对表面形貌的影响,适合于增强颗粒脆性去除诱发的随机性的、无序性的加工表面形貌。其计算式如下:

$$S_q = \sqrt{\frac{1}{MN}\sum_{j=1}^{N}\sum_{i=1}^{M} z^2(x_i, y_i)} \tag{4.1}$$

式中 $z(x_i, y_i)$——采样点偏离基准面的高度；

M——x 方向采样点数目；

N——y 方向采样点数目。

（2）破碎面积比 S_{dr} 是在采样面积内表面界面面积的增量比率。破碎面积比 S_{dr} 反映加工表面空间分布特征，S_{dr} 越大，缺陷（例如凹坑、界面裂纹和包含粉碎化微粒的凌乱表面等）的比例越大，表面形貌越差。同时，其可以在一定程度上反映偏斜度 S_{sk} 对表面形貌的影响。其计算式如下：

$$S_{dr} = \frac{A - (M-1)(N-1)\Delta x \Delta y}{(M-1)(N-1)\Delta x \Delta y} \tag{4.2}$$

式中 A——采样区域表面的展开面积，$A = \int_0^{l_x}\int_0^{l_y} dx dy$，其中 l_x 和 l_y 分别是 x 方向和 y 方向采样长度；

M——x 方向采样点数目；

N——y 方向采样点数目；

$\Delta x \Delta y$——采样区域的微面积。

均方根偏差 S_q 和破碎面积比 S_{dr} 通过数据 min-max 标准归一化和等权重加和方法转化为三维粗糙度综合指标 S_s，计算式如下：

$$S_s = \sum_{i=1}^{2} S_i^* = \sum_{i=1}^{2} \frac{0.5(S_i - S_{i\min})}{S_{i\max} - S_{i\min}} \tag{4.3}$$

式中 S_s——三维粗糙度综合指标；

S_i^*——第 i 个三维粗糙度单一指标的归一化数值；

i——三维粗糙度单一指标的编号，最大值为 2；

S_i——第 i 个三维粗糙度单一指标，即 S_q 和 S_{dr} 的代号；

$S_{i\min}$——在本章所有实验数据中，第 i 个三维粗糙度单一指标的最小值，S_q 最小值为 1.163，S_{dr} 最小值为 0.874；

$S_{i\max}$——在本章所有实验数据中，第 i 个三维粗糙度单一指标的最大值，S_q 最大值为 5.959，S_{dr} 最大值为 17.151。

三维粗糙度综合指标 S_s 的有效性在第 4.3.3 节磨削工艺参数对表面形貌影响初探中进行验证。

4.2 实验设备与材料

4.2.1 立轴端面磨削实验的加工设备

立轴端面磨削实验采用清华大学深圳研究生院研发的 THU ULTRLSONIC 850 数控多功能精密加工机床，冷却液为 Blaser 专用磨削液，如图 4.2（a）所示。磨具采用自制的电镀金刚石砂轮，磨具外径为 12mm，磨料层厚度为 2mm，金刚石磨粒的粒度为 D126（120/140），利用磨具的端面对试件实施平面磨削，如图 4.2（b）所示，磨具的运动轨迹可以与铣削加工相同，该加工方法可以实现复杂结构和曲面的精密加工。

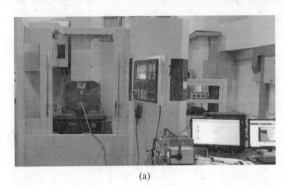
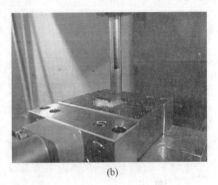

(a) (b)

图 4.2 立轴端面磨削机床和磨具

(a) THU ULTRLSONIC 850 数控多功能精密加工机床；(b) 磨具

4.2.2 卧轴圆周磨削实验的加工设备

卧轴圆周磨削实验采用浙江固本精密机械有限公司制造的 SG-63SPC 数控高精密平面磨床，冷却液为 Blaser 专用磨削液，如图 4.3（a）所示。砂轮采用树脂基金刚石砂轮，砂轮具体参数如下：外径为 300mm，砂轮厚度为 40mm，磨料层厚度为 10mm。金刚石磨粒的粒度为 D126（120/140），如图 4.3（b）所示。

磨具选择理由：相关学者[22-23,107-108,117,119,212,243-244]已经开展了 SiCp/Al 复合材料磨削的砂轮磨削性能研究，研究结果普遍认为金刚石砂轮更适合于 SiCp/Al 复合材料磨削，坚硬的 SiC 颗粒对砂轮造成严重的磨损，对于粗加工以及高体积分数 SiCp/Al 复合材料切削加工，砂轮磨损更严重。综上，本

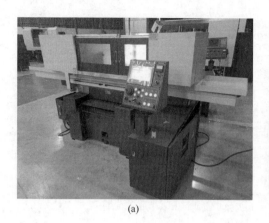 

图 4.3 卧轴圆周磨削机床和磨具

(a) SG-63SPC 数控高精密平面磨床；(b) 砂轮

书采用金刚石（相对较大的粒径）砂轮开展实验研究。同时考虑到立轴端面磨削的磨棒尺寸和立轴端面磨削机床的磨具在线修整操作不便，立轴端面磨削的磨棒采用电镀方法制备；而卧轴圆周磨削机床具有完善的砂轮在线修整功能，故其采用树脂基金刚石砂轮。

4.2.3 表面形貌检测设备

磨削加工表面形貌通过 ZEISS Ultra Plus 场发射扫描电子显微镜（蔡司，德国图林根州耶拿市）和 LEXT OLS4100 3D 激光共聚焦显微镜（奥林巴斯，日本东京市新宿区）观测，加工表面的三维表面粗糙度 S_q 和 S_{dr} 通过 LEXT OLS4100 3D 激光共聚焦显微镜（奥林巴斯，日本东京市新宿区）测量，检测设备如图 4.4 所示。

4.2.4 实验材料

实验材料采用 SiCp/Al2024-T6 复合材料，SiC 增强颗粒体积分数为 62.5%，颗粒平均尺寸为 40μm，材料微观结构如图 4.5 所示，试样尺寸为 3mm×8mm×10mm。

关于第 2 章划刻实验和本章实验采用不同材料的情况说明：实验材料由合作方提供，随着产品质量升级，当课题进行到中期，合作方已经没有前期产品库存（即第 2 章划刻实验使用的复合材料），所以课题中后期使用的是

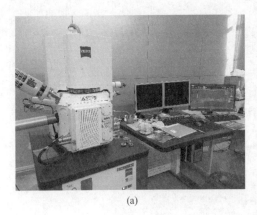 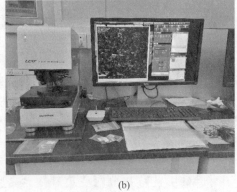

(a)　　　　　　　　　　　　　　　(b)

图 4.4　表面形貌检测设备

（a）ZEISS Ultra Plus 场发射扫描电子显微镜；（b）LEXT OLS4100 3D 激光共聚焦显微镜

图 4.5　体积分数为 62.5% 的 SiCp/Al2024-T6 复合材料微观结构

升级产品，增强颗粒体积分数更大的 SiCp/Al2024-T6 复合材料。二者都属于高体积分数 SiCp/Al 复合材料，所以本书的第 2 章和本章具有连贯一致性。

基于第 2.2 节关于划刻实验的高体积分数 SiCp/Al 复合材料去除机理研究、第 3 章高体积分数 SiCp/Al 复合材料磨削去除的三维微观仿真分析、第 4.3.2 节磨削表面微观形貌研究可知，相较于体积分数为 55% 的 SiCp/Al 复合材料，在磨粒切削作用下，体积分数为 62.5% 的 SiCp/Al 复合材料中 SiC 增强颗粒相互冲击碰撞和脆性破碎特性更显著。但体积分数为 55% 和 62.5% 的 SiCp/Al 复合材料磨削去除行为的关键影响因素均是 SiC 增强颗粒相互冲击碰撞和脆性破碎特性，说明二者同属于高体积分数 SiCp/Al 复合材料，本书对二者的研究成果具有连贯一致性和可信性。

4.3 磨削表面形貌和工艺参数影响初探

高体积分数 SiCp/Al 复合材料磨削表面形貌的影响因素有很多,考虑到磨削工艺三要素(磨削速度、磨削深度和进给速度)对其影响最大,所以本节实验的变量是磨削工艺三要素。本节借助扫描电镜分析高体积分数 SiCp/Al 复合材料磨削表面形貌和形成机制;采用单因素实验方法,探究磨削工艺参数对加工表面形貌和三维粗糙度综合指标 S_s 的基本影响规律,为后续全因子实验的工艺参数选取奠定基础,并验证 S_s 的有效性。

4.3.1 实验方案

采用单因素实验探究立轴端面磨削和卧轴圆周磨削条件下磨削工艺参数对表面三维微观形貌和三维粗糙度综合指标 S_s 的影响。考虑到立轴端面磨削和卧轴圆周磨削的机床具有不同的加工性能和常用工艺参数范围,本节在各自常用的工艺参数范围内选取工艺参数数值,立轴端面磨削和卧轴圆周磨削的工艺参数取值分别如表 4.1 和表 4.2 所示。立轴端面磨削和卧轴圆周磨削的单因素实验方案分别如表 4.3 和表 4.4 所示。

表 4.1 立轴端面磨削工艺参数取值

主轴转速 n_s /r·min^{-1}	进给速度 v_f /mm·min^{-1}	磨削深度 a_p /μm
2000, 4000, 6000, 8000	25, 50, 75, 100	5, 10, 20, 40

表 4.2 卧轴圆周磨削工艺参数取值

砂轮线速度 v_s /m·s^{-1}	进给速度 v_f /mm·min^{-1}	磨削深度 a_p /μm
20, 30, 40, 45	5, 15, 20, 25	5, 10, 20, 40

表 4.3 立轴端面磨削的单因素实验方案及结果

实验编号	n_s /r·min^{-1}	v_f /mm·min^{-1}	a_p /μm	S_q /μm	S_{dr}	S_s
1	2000	50	10	4.093	10.148	0.614506
2	4000	50	10	2.109	7.892	0.338367
3	6000	50	10	1.753	4.177	0.171758

续表 4.3

实验编号	n_s /r·min^{-1}	v_f /mm·min^{-1}	a_p /μm	S_q /μm	S_{dr}	S_s
4	8000	50	10	2.241	4.991	0.238995
5	6000	25	10	1.661	3.035	0.118305
6	6000	75	10	2.551	3.329	0.220117
7	6000	100	10	2.895	5.614	0.350334
8	6000	50	5	1.773	1.008	0.091874
9	6000	50	20	2.662	3.519	0.259878
10	6000	50	40	2.911	4.136	0.294041

表 4.4 卧轴圆周磨削的单因素实验方案及结果

实验编号	v_s /m·s^{-1}	v_f /mm·min^{-1}	a_p /μm	S_q /μm	S_{dr}	S_s
1	20	15	10	2.016	1.709	0.114578
2	30	15	10	1.522	2.566	0.089402
3	40	15	10	1.526	2.135	0.076580
4	45	15	10	1.637	1.764	0.076864
5	40	5	10	1.312	1.666	0.039862
6	40	20	10	1.669	2.385	0.099168
7	40	25	10	1.940	2.259	0.123549
8	40	15	5	1.485	1.307	0.051675
9	40	15	20	1.707	2.168	0.096464
10	40	15	40	1.802	2.502	0.126154

4.3.2 磨削表面微观形貌研究

4.3.2.1 立轴端面磨削表面微观形貌

通过 ZEISS Ultra Plus 场发射扫描电子显微镜对表 4.3 所示的立轴端面磨削单因素实验的加工表面进行观测,高体积分数 SiCp/Al 复合材料立轴端面磨削的常见表面微观形貌如图 4.6 所示,放大倍数为 500~5000 倍。

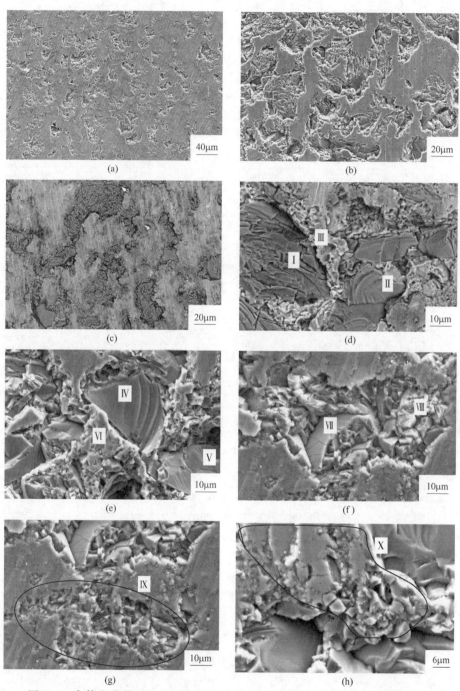

图4.6 高体积分数 SiCp/Al 复合材料立轴端面磨削的常见表面形貌 SEM 图
(a) 500倍；(b) 1000倍Ⅰ；(c) 1000倍Ⅱ；(d) 3000倍Ⅰ；
(e) 3000倍Ⅱ；(f) 4000倍Ⅰ；(g) 4000倍Ⅱ；(h) 5000倍

4.3 磨削表面形貌和工艺参数影响初探

从图 4.6（a）所示的低倍数图像（500 倍）可以看出，高体积分数 SiCp/Al 复合材料立轴端面磨削表面布满因 SiC 增强颗粒脆性去除诱发的大量麻坑和较深的孔洞，依据视觉判断，其约占总面积的 50%。缺陷的详细形态可以通过更大倍数图像（1000 倍）观测，图 4.6（b）显示 SiC 增强颗粒脆性去除产生的大量裂纹和碎块等，导致加工表面凌乱；图 4.6（c）给出另一个视角，SiC-Al 界面普遍存在脱黏现象，同时，SiC 增强颗粒表面已经高度碎片化；此外，从图 4.6（b）和图 4.6（c）中可以看出，在磨具的磨粒作用下，Al 基体因具有良好的塑性而涂覆在加工表面，起到提高加工表面质量的作用，但相较于 SiC 增强颗粒脆性去除诱发的加工缺陷，立轴端面磨削的 Al 涂覆量是不足的。

第 3 章高体积分数 SiCp/Al 复合材料磨削去除的三维微观仿真分析结果已经表明，SiC 颗粒互相冲击碰撞是高体积分数 SiCp/Al 复合材料加工过程中 SiC 颗粒脆性去除特性加剧的主要诱因。高体积分数 SiCp/Al 复合材料立轴端面磨削表面形貌验证了上述仿真分析结果的正确性，图 4.6（d）显示 SiC 颗粒 I 的尖部冲击 SiC 颗粒 II 的心部，致使 SiC 颗粒 II 发生脆断而分解为两整块，在此过程中，SiC 颗粒 I 的尖部同样受到极大冲击力而产生众多层叠裂纹，裂纹的起始部位是其尖部的冲击接触部位；图 4.6（e）呈现 SiC 颗粒相互冲击碰撞的另一种情况，SiC 颗粒 IV 和 SiC 颗粒 V 发生冲击碰撞，二者都受到极大的冲击能而发生整体脆断，但二者断裂面是相互垂直的，SiC 颗粒 IV 的上部碎块已经作为磨屑被去除，而下部碎块保留在 Al 基体中，其脆性断裂面清晰可见；SiC 颗粒相互冲击碰撞的第三种情况如图 4.6（f）所示，SiC 颗粒 VII 和 SiC 颗粒 VIII 发生钝面冲击，二者都没有发生整体脆断，而是发生破碎而分解为众多小碎块。从上述分析可知，SiC 颗粒互相冲击碰撞普遍存在于高体积分数 SiCp/Al 复合材料加工过程，形式多样，是 SiC 增强颗粒脆性去除特性加剧和加工缺陷普遍发生的主要诱因之一，同时，验证了第 3 章材料去除仿真分析的有效性。

第 3 章高体积分数 SiCp/Al 复合材料磨削去除仿真分析结果已经揭示，Al 基体在 SiC 颗粒互相冲击碰撞过程中发生扭曲变形，甚至失效。高体积分数 SiCp/Al 复合材料立轴端面磨削表面形貌验证了上述仿真分析的有效性，图 4.6（d）中 Al 基体区域 III 在 SiC 颗粒 I 和 SiC 颗粒 II 的冲击挤压作用下发生了扭曲变形，同时，SiC 微碎片被挤压入 Al 基体 III，致使 Al 基体表面凌乱，相同现象也发生在图 4.6（e）中 Al 基体区域Ⅵ。图 4.6（f）显示在 SiC 颗粒Ⅶ和 SiC 颗粒Ⅷ发生冲击碰撞过程中，Al 基体受挤压而发生失效。上述现象说明，SiC 颗粒互相冲击碰撞诱发 Al 基体发生严重扭曲变形，甚至失效。

高体积分数 SiCp/Al 复合材料立轴端面磨削表面形貌验证了第 3 章高体积分数 SiCp/Al 复合材料磨削去除仿真分析的另一个结果，即当 SiC 增强颗粒发生破碎后，大量 SiC 微碎片被砂轮磨粒压入 Al 基体，形成包含有粉碎化 SiC 微碎片的凌乱表面，如图 4.6（g）中区域Ⅸ所示。

从图 4.6（h）所示的高倍数图像（5000 倍）可以看出，Al 基体涂覆呈现层片堆叠态，且 Al 基体涂覆夹杂着很多 SiC 微碎片，如区域Ⅹ所示。

为了验证上述立轴端面磨削表面形貌分析的正确性，通过 ZEISS Ultra Plus 场发射扫描电子显微镜的能谱分析（EDS）功能对加工表面进行元素及分布情况分析，如图 4.7 所示。从图 4.7（a）~（c）中可以看出，立轴端面磨削表面的麻点和凹坑等破碎面由 Si 元素和 C 元素组成，说明破碎面缺陷是由 SiC 颗粒脆性去除导致的，且破碎面的面积占比超过 50%。图 4.7（a）和图 4.7（d）显示平整表面主要由 Al 元素构成，说明 Al 涂覆提升了加工表面质量，同时图 4.7（b）和图 4.7（c）显示平整表面也包含少量的 Si 元素和 C 元素，且分布形状多为微小的不规则体，说明 SiC 颗粒脆性去除形成的部分微颗粒与 Al 基体裹挟在一起而涂覆在加工表面。

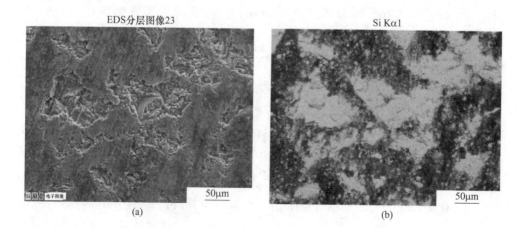

图 4.7 高体积分数 SiCp/Al 复合材料立轴
端面磨削表面的元素组成及分布情况

（Si 元素为绿色，Al 元素为蓝色，C 元素为红色）

(a) 元素组成和分布总体情况；(b) Si 元素分布情况；
(c) C 元素分布情况；(d) Al 元素分布情况

图 4.7 彩图

以磨削深度 a_p 为例，分析立轴端面磨削工艺参数对表面形貌的影响，如图 4.8 所示。图 4.9 表明图 4.8（a）的点 143 和点 144 分别主要由 Si 元素

图 4.8 磨削深度 a_p 对高体积分数 SiCp/Al 复合材料立轴端面磨削表面形貌的影响

(a) $a_p = 5\mu m$；(b) $a_p = 10\mu m$；(c) $a_p = 20\mu m$；(d) $a_p = 40\mu m$

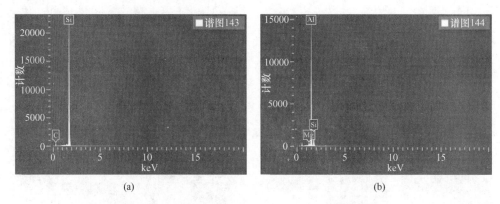

图 4.9　图 4.8（a）中点 143 和点 144 的元素分析

(a) 谱图 143；(b) 谱图 144

和 Al 元素组成，说明颜色较暗和较亮区域分别是 SiC 颗粒和 Al 基体。从图 4.8 中看出，随着磨削深度 a_p 增加，加工表面形貌质量变差，SiC 颗粒破碎率加剧，Al 基体的占比更小，SiC-Al 界面裂纹增大。

4.3.2.2　卧轴圆周磨削表面微观形貌

通过 ZEISS Ultra Plus 场发射扫描电子显微镜对表 4.4 所示的卧轴圆周磨削单因素实验的加工表面进行观测，高体积分数 SiCp/Al 复合材料卧轴圆周磨削的常见表面微观形貌如图 4.10 所示，放大倍数为 500~5000 倍。

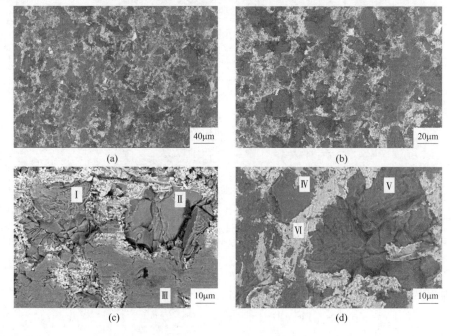

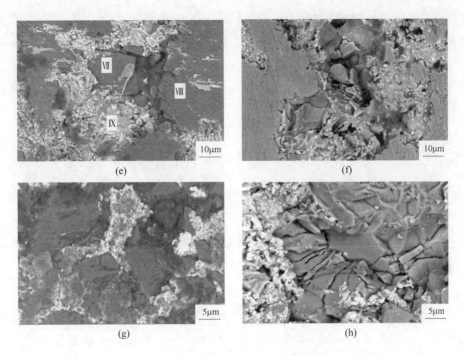

图 4.10 高体积分数 SiCp/Al 复合材料卧轴圆周磨削的常见表面形貌 SEM 图
(a) 500 倍；(b) 1000 倍；(c) 2000 倍；(d) 3000 倍Ⅰ；(e) 3000 倍Ⅱ；(f) 3000 倍Ⅲ；
(g) 5000 倍Ⅰ；(h) 5000 倍Ⅱ

从图 4.10（a）所示的低倍数图像（500 倍）可以看出，高体积分数 SiCp/Al 复合材料卧轴圆周磨削表面是平整且较光滑的，没有出现因 SiC 增强颗粒脆性去除诱发的麻坑和较深孔洞，Al 涂覆质量也较好，从视觉判断，Al 涂覆约占总面积的 80%，上述加工表面微观形貌特征可以通过图 4.10（b）所示的更大倍数图像（1000 倍）进一步分析。图 4.10（c）和图 4.10（d）所示的更大倍数图像表明，SiC 增强颗粒仍然是以脆性去除为主，但卧轴圆周磨削加工表面质量较好，明显优于立轴端面磨削。从图 4.10（c）中可以看出，SiC 增强颗粒Ⅰ和 SiC 增强颗粒Ⅱ发生了冲击碰撞，但冲击能较小，二者都没有发生严重的脆性破碎，SiC 增强颗粒Ⅰ表面的裂纹较少且比较平滑，SiC 增强颗粒Ⅱ表面的裂纹更少且更加光滑，Al 基体涂覆在二者的交界面，此外，可以看出 Al 涂覆表面是比较光滑平整的，提高了表面形貌质量，如图 4.10（c）中区域Ⅲ所示。图 4.10（d）说明 SiC 增强颗粒去除质量和 Al 涂覆质量都较好，SiC 增强颗粒Ⅳ表面比较光滑，SiC 增强颗粒Ⅴ

虽然发生脆断，但加工表面形貌质量较好，Al 涂覆Ⅵ很好地填补了 SiC 增强颗粒之间的缝隙。

但在 Al 涂覆质量较差或缺失的区域，较差的表面形貌依然存在，如图 4.10（e）所示，SiC 增强颗粒Ⅶ与 Al 涂覆Ⅷ之间的区域因无 Al 涂覆而出现微凹坑，并可见 SiC 微碎片，此外，Al 涂覆质量较差的区域Ⅸ呈现凌乱的表面形貌，图 4.10（f）呈现相似的表面形貌。

总体而言，在高体积分数 SiCp/Al 复合材料卧轴圆周磨削加工过程中，SiC 增强颗粒去除质量较好，在 5000 倍放大条件下，图 4.10（g）呈现出高质量的 SiC 增强颗粒加工表面形貌，平整且裂纹很少；即使在较差的 SiC 增强颗粒去除情况下，如图 4.10（h）所示，SiC 增强颗粒加工表面仍然呈现平整和少裂纹的形貌特征，优于立轴端面磨削工况。

通过 ZEISS Ultra Plus 场发射扫描电子显微镜的能谱分析（EDS）功能对卧轴圆周磨削表面进行元素及分布情况分析，进而验证上述微观形貌分析的正确性。从图 4.11（a）~（c）中可以看出，Si 元素和 C 元素零散分布，没有大面积聚集，说明 SiC 颗粒破碎面很小，且图 4.11（d）显示 Al 元素几乎铺满整个加工表面，说明 Al 涂覆占比至少 80%，极大提升了加工表面的质量。同时图 4.11（b）和图 4.11（c）显示 Al 涂覆区域包含少量的 Si 元素和 C 元素，说明 SiC 颗粒去除形成的部分 SiC 微颗粒与 Al 基体裹挟在一起而涂覆在加工表面。

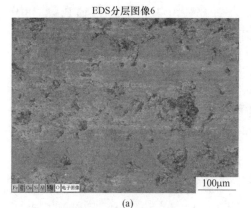

(a)

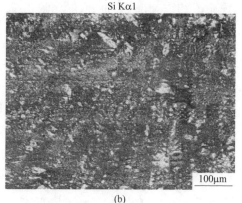

(b)

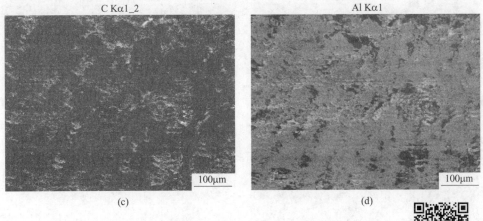

图 4.11　高体积分数 SiCp/Al 复合材料卧轴圆周
磨削表面的元素组成及分布情况

（Si 元素为绿色，Al 元素为橙色，C 元素为红色）

图 4.11 彩图

(a) 元素组成和分布总体情况；(b) Si 元素分布情况；(c) C 元素分布情况；(d) Al 元素分布情况

以磨削深度 a_p 为例，分析卧轴圆周磨削工艺参数对表面形貌的影响，如图 4.12 所示。首先通过 ZEISS Ultra Plus 场发射扫描电子显微镜的能谱分析（EDS）功能对图 4.12（a）的点 186 和点 187 进行元素分析，结果如图 4.13 所示，点 186 主要由 Si 元素组成，点 187 的主要元素是 Al，同时包含一定量的 SiC，表明 Al 涂覆层包含 SiC 微碎片，说明颜色较暗部分是 SiC 颗粒，颜色略亮的部分是 Al 涂覆。从图 4.12 中可以看出，随着磨削深度 a_p 增加，卧轴圆周磨削表面形貌质量变差，SiC 颗粒破碎面增大，Al 基体的占比变小，SiC 颗粒脆性去除特性加剧，Al 涂覆质量较差或缺失的区域增大，表面更加凌乱。

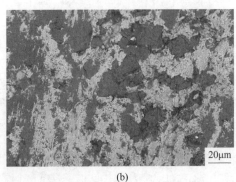

图 4.12　磨削深度 a_p 对高体积分数 SiCp/Al 复合材料卧轴圆周磨削表面形貌的影响

(a) $a_p = 5\mu m$; (b) $a_p = 10\mu m$; (c) $a_p = 20\mu m$; (d) $a_p = 40\mu m$

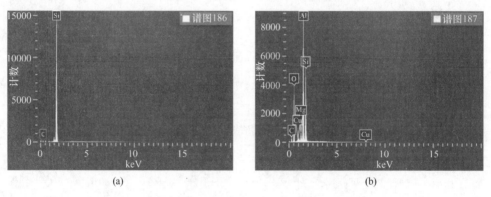

图 4.13　图 4.12(a) 中点 186 和点 187 的元素分析

(a) 谱图 186; (b) 谱图 187

通过上述高体积分数 SiCp/Al 复合材料磨削表面微观形貌研究可知，SiC 增强颗粒去除行为是影响高体积分数 SiCp/Al 复合材料磨削表面形貌的关键因素，SiC 增强颗粒相互冲击碰撞是 SiC 增强颗粒脆性去除特性加剧和加工表面形貌质量恶化的主要诱因，同时，Al 涂覆可以提高加工表面质量。对于高体积分数 SiCp/Al 复合材料，卧轴圆周磨削表面形貌明显优于立轴端面磨削加工。磨削工艺参数对高体积分数 SiCp/Al 复合材料磨削表面形貌有重要影响，以磨削深度 a_p 为例，随着磨削深度 a_p 增加，SiC 颗粒脆性去除特性加剧，Al 基体涂覆占比变小，表面形貌质量变差。

4.3.3 磨削工艺参数对表面形貌影响初探

本节通过单因素实验初探立轴端面磨削和卧轴圆周磨削的工艺参数对加工表面三维粗糙度综合指标 S_s 和三维形貌的影响规律，既验证了 S_s 的有效性，又为后期全因子实验的磨削工艺参数选取奠定了基础。

4.3.3.1 立轴端面磨削

根据表 4.3 所示的实验方案开展高体积分数 SiCp/Al 复合材料立轴端面磨削的单因素实验，实验结束后，对所有试件进行超声清洗，再通过 LEXT OLS4100 3D 激光共聚焦显微镜测量每个试样已磨削表面的三维表面粗糙度 S_q 和 S_{dr}，每个表面测量 5 个不同位置，取其平均值作为 S_q 和 S_{dr} 的实验结果，并通过式（4.3）计算三维粗糙度综合指标 S_s，实验结果如表 4.3 所示。根据单因素实验结果，绘制主轴转速 n_s、进给速度 v_f 和磨削深度 a_p 对三维粗糙度综合指标 S_s 的影响规律曲线。

A 主轴转速 n_s 对磨削表面形貌影响初探

从图 4.14 中可以看出，当主轴转速 n_s 从 2000r/min 增大到 6000r/min 时，三维粗糙度综合指标 S_s 不断减小，S_s 从 0.614506 减小到 0.171758，在较小主轴转速时，S_s 是相对较大的。分析其原因：随着主轴转速 n_s 的不断提高，单位时间内参与磨削的有效磨粒数目增多，每个磨粒对应的未变形切屑厚度降低，致使复合材料中 SiC 颗粒的脆性去除特性减弱而塑性域去除特性增强，且 Al 基体的塑性变形特性减弱而脆性增强，复合材料两个组成相的切削性能更加接近，材料在高加工应变率条件下被有效去除，磨屑被磨粒以极高的速度带离磨削加工区域，磨削热更容易被磨屑带走，磨削力减小，表面粗糙度降低。关于 S_s 在较小主轴转速时出现较大数值，分析其原因如下：考虑到加工效率，立轴端面磨削通常采用较大的进给速度，在此情况下，如果主轴转速较小，单颗磨粒对应的未变形切屑厚度很大，磨粒的切削性能很差，而进给方向的推挤作用更显突出，导致很多 SiC 增强颗粒被进给方向的推挤作用拔出，出现严重的表面缺陷，如图 4.15（a）所示，加工表面出现很多凹坑。

当主轴转速 n_s 从 6000r/min 增加到 8000r/min 时，三维粗糙度综合指标 S_s 增大，S_s 从 0.171758 增加到 0.188995。分析其原因：原因一，立轴端面磨削加工通常采用较大的进给速度，单颗磨粒对应的未变形切屑厚度是相对

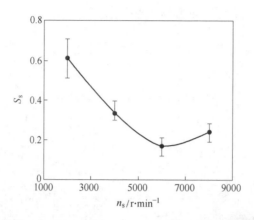

图 4.14 立轴端面磨削的主轴转速 n_s 对三维粗糙度综合指标 S_s 的影响

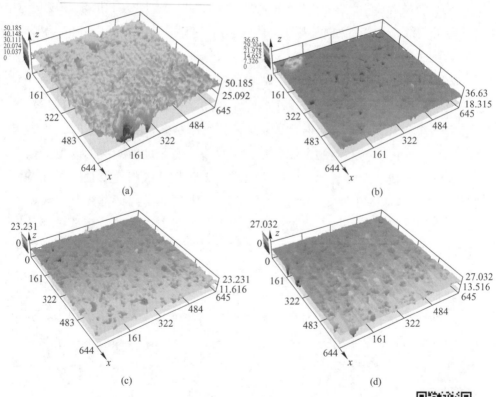

图 4.15 立轴端面磨削的主轴转速 n_s 对三维形貌的影响
(a) n_s = 2000r/min; (b) n_s = 4000r/min;
(c) n_s = 6000r/min; (d) n_s = 8000r/min

图 4.15 彩图

较大的，此时，随着主轴转速 n_s 的进一步提高，虽然有利于减小未变形切屑厚度，但过大的速度和冲击力同样导致 SiCp/Al 复合材料中高密度分布的 SiC 颗粒发生频率更高和强度更大的冲击碰撞，进而诱发严重的 SiC 颗粒破碎以及由此产生的一系列不利结果，过高主轴转速的弊是大于利的。原因二，过大的主轴转速 n_s 引起磨削区温度骤升，冷却液和磨屑无法有效排出如此多的热量，造成 Al 基体产生氧化层，降低对 SiC 颗粒的包裹作用而加剧 SiC 颗粒相互冲击碰撞，同时，高温导致砂轮排屑困难，造成砂轮堵塞，降低砂轮切削性能。

在立轴端面磨削的不同主轴转速 n_s 条件下，高体积分数 SiCp/Al 复合材料的加工表面三维形貌如图 4.15 所示。从图 4.15 中可以看出，当主轴转速 n_s 从 2000r/min 增加到 6000r/min 时，磨削表面形貌不断改善，表面麻点和凹坑等加工缺陷减少，Al 涂覆增多；当主轴转速 n_s 从 6000r/min 增加到 8000r/min 时，磨削表面形貌略有变差。同时注意到，局部凸包出现于加工表面，说明立轴端面磨削容易造成 SiC 增强颗粒的残留部分突出加工表面。

B 进给速度 v_f 对磨削表面形貌影响初探

从图 4.16 中可以看出，随着进给速度 v_f 增加（从 25~100mm/min），三维粗糙度综合指标 S_s 递增，S_s 从 0.118305 增加到 0.171758，值得注意的是，当进给速度 v_f 从 75mm/min 增加到 100mm/min 时，S_s 增幅加大，说明高进给速度 v_f 对高体积分数 SiCp/Al 复合材料立轴端面磨削表面形貌是不利的。分析其原因：随着 v_f 增加，未变形切屑厚度增加，致使 SiC 的脆性去除特性和 Al 的塑性变形特性增强，二者切削性能差异增大，磨削表面缺陷增多；高进给速度导致 SiC 颗粒相互冲击碰撞加剧，进而诱发一系列加工表面缺陷，同时，磨削表面的进给磨痕变得越来越明显；此外，高进给速度 v_f 导致磨削力和磨削温度增加，越来越多的磨屑黏附在砂轮表面，砂轮排屑困难，砂轮堵塞现象加剧，降低了砂轮磨削性能，磨削表面形貌变差。

在立轴端面磨削的不同进给速度 v_f 条件下，高体积分数 SiCp/Al 复合材料的加工表面三维形貌如图 4.17 所示。从图 4.17 中可以看出，当进给速度 v_f 从 25mm/min 增大到 100mm/min 时，表面形貌显著变差，加剧的 SiC 增强颗粒脆性去除特性导致磨削表面的凹坑增多增深，且表面完整性降低。同时注意到，局部凸包出现于加工表面，说明立轴端面磨削诱发的 SiC 增强颗粒残留突出加工表面现象是较为普遍的。另外,从图 4.18 所示的立轴端面磨削表面形貌高度图中可以看出,相比于进给速度 v_f 为 50mm/min,进给速度 v_f 为 100mm/min 的进给磨痕是非常明显的,表面形貌更差。

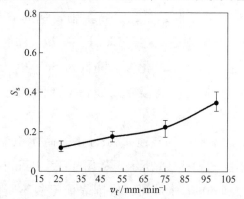

图 4.16 立轴端面磨削的进给速度 v_f 对三维粗糙度综合指标 S_s 的影响

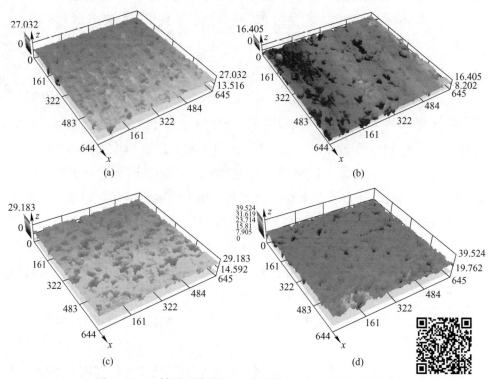

图 4.17 立轴端面磨削的进给速度 v_f 对三维形貌的影响

(a) v_f = 25mm/min; (b) v_f = 50mm/min; (c) v_f = 75mm/min; (d) v_f = 100mm/min

图 4.17 彩图

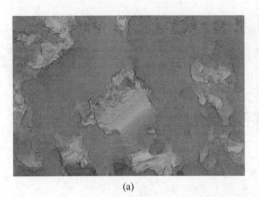 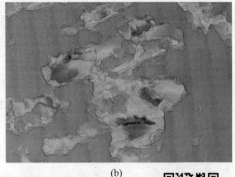

(a)　　　　　　　　　　　　　(b)

图 4.18　立轴端面磨削的不同进给速度 v_f
对应的加工表面形貌高度图

(a) v_f = 50mm/min；(b) v_f = 100mm/min

图 4.18 彩图

C　磨削深度 a_p 对磨削表面形貌影响初探

从图 4.19 中可以看出，随着磨削深度 a_p 从 5μm 增大到 40μm，三维粗糙度综合指标 S_s 递增，S_s 从 0.091874 增加到 0.308492，值得注意的是，当磨削深度 a_p 从 20μm 增大到 40μm 时，S_s 增幅降低。分析其原因：当磨削深度 a_p 为 5~20μm 时，起到磨削作用的磨粒主要是磨具端面磨粒（如图 4.1(b) 所示），随着磨削深度 a_p 增加，未变形切屑厚度增加，SiCp/Al 复合材料中 SiC 增强颗粒相互冲击碰撞和脆性去除特性加剧，SiC 增强颗粒脆性去除对磨削表面形貌的影响越来越显著，更多的 SiC 增强颗粒发生严重的脆性破碎或脆断，在磨削表面形成更多更深的含有 SiC 碎片的凹坑，同时，Al 涂覆量减少，表面形貌显著变差。当磨削深度 a_p 从 20μm 增加到 40μm 时，一方面，磨削深度 a_p 增加导致上述不利结果，另一方面，磨具圆柱面上的磨粒（如图 4.1(b) 所示）逐渐开始介入磨削，磨具磨削能力提升，抵消了一部

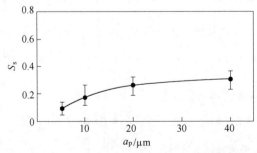

图 4.19　立轴端面磨削的磨削深度 a_p 对三维粗糙度综合指标 S_s 的影响

分的上述不利结果,总体而言,在此阶段,磨削深度 a_p 增加导致三维粗糙度综合指标 S_s 增大,但增幅变缓。

在立轴端面磨削的不同磨削深度 a_p 条件下,高体积分数 SiCp/Al 复合材料加工表面三维形貌如图 4.20 所示,可以看出,当磨削深度 a_p 从 5μm 增大到 20μm 时,表面形貌变差,凹坑等缺陷明显增多,表面完整性变差;当磨削深度 a_p 从 20μm 增大到 40μm 时,虽然凹坑深度相对变浅,但表面完整性变差,破碎面积占比提高,表面形貌总体质量变差。同时注意到,立轴端面磨削诱发的 SiC 增强颗粒残留突出加工表面现象普遍存在。

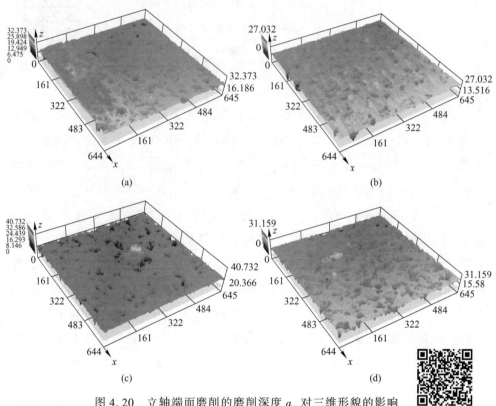

图 4.20 立轴端面磨削的磨削深度 a_p 对三维形貌的影响

(a) a_p = 5μm;(b) a_p = 10μm;(c) a_p = 20μm;(d) a_p = 40μm   图 4.20 彩图

4.3.3.2 卧轴圆周磨削

根据表 4.4 所示的实验方案开展高体积分数 SiCp/Al 复合材料卧轴圆周磨削的单因素实验,实验结束后,对所有试件进行超声清洗,再通过 LEXT OLS4100 3D 激光共聚焦显微镜测量每个试样已磨削表面的三维表面粗糙度

S_q 和 S_{dr},每个表面测量 5 个不同位置,取其平均值作为 S_q 和 S_{dr} 的实验结果,通过式(4.3)计算三维粗糙度综合指标 S_s,实验结果如表 4.4 所示。根据单因素实验结果,绘制砂轮线速度 v_s、进给速度 v_f 和磨削深度 a_p 对三维粗糙度综合指标 S_s 的影响规律曲线。

A 砂轮线速度 v_s 对磨削表面形貌影响初探

从图 4.21 中可以看出,当砂轮线速度 v_s 从 20m/s 增大到 40m/s 时,三维粗糙度综合指标 S_s 递减,S_s 从 0.114578 减小到 0.076584,但在砂轮线速度 v_s 从 40m/s 增大到 45m/s 过程中,S_s 变化极小,而且稍有增加趋势。分析其原因:随着砂轮线速度 v_s 增加(从 20~40m/s),在单位时间内更多的磨粒参与有效磨削,进而每个磨粒对应的未变形切屑厚度减小,磨削力减小,SiC 增强颗粒相互冲击碰撞现象减少减弱,SiC 颗粒的脆性去除特性和 Al 基体的塑性变形特性减弱,二者切削特性更趋接近,材料在高加工应变率条件下实现更高质量去除。而当砂轮线速度 v_s 从 40m/s 增大到 45m/s 时,虽然砂轮线速度增加有利于减小未变形切屑厚度,但过大的切削速度增加了 SiC 增强颗粒相互冲击碰撞的动能,诱发不利影响,所以利弊均有,磨削表面形貌质量变化较小。

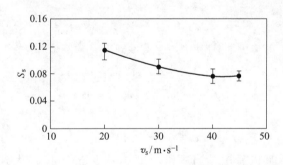

图 4.21 卧轴圆周磨削的砂轮线速度 v_s 对三维粗糙度综合指标 S_s 的影响

在卧轴圆周磨削的不同砂轮线速度 v_s 条件下,高体积分数 SiCp/Al 复合材料的加工表面三维形貌如图 4.22 所示。从图 4.22 中可以看出,当砂轮线速度 v_s 较小时,凹坑深度较大,Al 涂覆凹凸不平,加工表面形貌较差,随着砂轮线速度 v_s 增大,表面质量逐渐改善,凹坑深度和数量降低,Al 涂覆质量更好,其中,砂轮线速度 v_s 为 40m/s 和 45m/s 的三维表面形貌质量近似。值得注意的是,卧轴圆周磨削表面没有出现 SiC 增强颗粒残留部分突出加工表面的现象,而该现象在立轴端面磨削表面是普遍存在的。

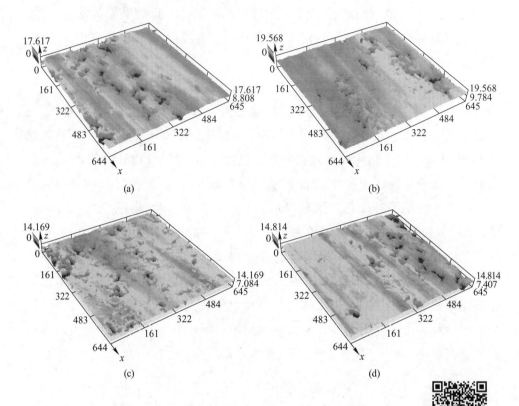

图 4.22　卧轴圆周磨削的砂轮线速度 v_s 对三维形貌的影响

(a) $v_s = 20\text{m/s}$；(b) $v_s = 30\text{m/s}$；
(c) $v_s = 40\text{m/s}$；(d) $v_s = 45\text{m/s}$

图 4.22 彩图

B　进给速度 v_f 对磨削表面形貌影响初探

从图 4.23 中可以看出,当进给速度 v_f 从 5mm/min 增大到 25mm/min 时,三维粗糙度综合指标 S_s 递增,S_s 从 0.039862 增加到 0.134426,且 S_s 增速随着进给速度 v_f 增加而提高。分析其原因:随着进给速度 v_f 增加,SiC 颗粒承受的更大进给推挤力加剧 SiC 颗粒相互冲击碰撞,诱发一系列加工缺陷;同时,单磨粒对应的未变形切屑厚度增加,SiC 增强颗粒的脆性去除特性和 Al 基体的塑性变形特性增强,二者切削性能差异增大,进一步促使加工缺陷增多;而且,磨削力和磨削温度增加,磨屑黏附导致砂轮磨削性能下降,磨削表面形貌变差。

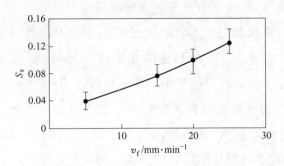

图 4.23　卧轴圆周磨削的进给速度 v_f 对三维粗糙度综合指标 S_s 的影响

在卧轴圆周磨削的不同进给速度 v_f 条件下，高体积分数 SiCp/Al 复合材料的加工表面三维形貌如图 4.24 所示。从图 4.24 中可以看出，当进给速度 v_f 从 5mm/min 增大到 25mm/min 时，表面形貌显著变差，凹坑增多增深，Al 涂覆量和质量均明显降低，表面形貌更凌乱。值得注意的是，图 4.24 所示的卧轴圆周磨削表面没有出现立轴端面磨削表面普遍存在的局部凸包。

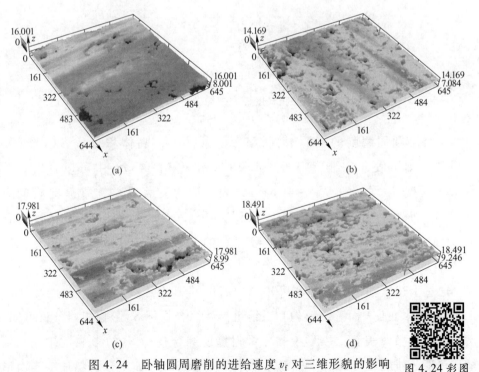

图 4.24　卧轴圆周磨削的进给速度 v_f 对三维形貌的影响　图 4.24 彩图

(a) v_f = 5mm/min；(b) v_f = 15mm/min；(c) v_f = 20mm/min；(d) v_f = 25mm/min

C 磨削深度 a_p 对磨削表面形貌影响初探

从图 4.25 中可以看出，随着磨削深度 a_p 从 5μm 增大到 40μm，三维粗糙度综合指标 S_s 递增，S_s 从 0.051675 增加到 0.126154。分析其原因：随着磨削深度 a_p 增加，单磨粒对应的未变形切屑厚度增加，SiC 增强颗粒相互冲击碰撞加剧，SiC 增强颗粒脆性去除特性增强，诱发一系列加工缺陷，如麻坑、Al 基体扭曲变形和 Al 涂覆量减少等；同时，磨削力和磨削温度升高，磨屑黏附致使砂轮磨削性能下降，加工表面形貌变差。

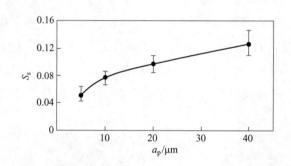

图 4.25 卧轴圆周磨削的磨削深度 a_p
对三维粗糙度综合指标 S_s 的影响

在卧轴圆周磨削的不同磨削深度 a_p 条件下，高体积分数 SiCp/Al 复合材料的加工表面三维形貌如图 4.26 所示。从图 4.26 中可以看出，随着磨削深度 a_p 增加（从 5~40μm），表面形貌显著变差，Al 涂覆质量降低，破碎面积占比增大。同样注意到，图 4.26 所示的卧轴圆周磨削表面没有出现立轴端面磨削表面普遍存在的 SiC 增强颗粒残留部分突出加工表面现象。

通过上述立轴端面磨削和卧轴圆周磨削的工艺参数对高体积分数 SiCp/Al 复合材料加工表面三维形貌和三维粗糙度综合指标 S_s 影响规律分析可知，磨削工艺参数对表面三维形貌和三维粗糙度综合指标 S_s 的影响规律是一致的，说明三维粗糙度综合指标 S_s 是高体积分数 SiCp/Al 复合材料加工表面形貌的有效评价指标。

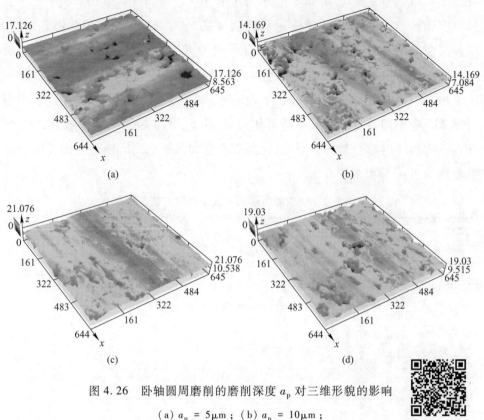

图 4.26 卧轴圆周磨削的磨削深度 a_p 对三维形貌的影响

(a) $a_p = 5\mu m$; (b) $a_p = 10\mu m$;

(c) $a_p = 20\mu m$; (d) $a_p = 40\mu m$

图 4.26 彩图

4.4 基于全因子实验的磨削工艺参数对表面形貌耦合影响研究

本节以三维粗糙度综合指标 S_s 作为加工表面形貌评价指标,通过全因子实验探究立轴端面磨削和卧轴圆周磨削的工艺参数对高体积分数 SiCp/Al 复合材料加工表面形貌的耦合影响。

4.4.1 实验方案

由第 4.3.3 节的磨削工艺参数对磨削表面形貌影响初探可知,进给速度 v_f 对立轴端面磨削和卧轴圆周磨削表面形貌的影响规律是明确的、一致的,而主轴转速 n_s、砂轮线速度 v_s 和磨削深度 a_p 对加工表面形貌的影响规律呈现可能存在变化拐点的迹象。基于此,同时为了减少实验次数,主轴转速

n_s、砂轮线速度 v_s 和磨削深度 a_p 采用4水平，进给速度 v_f 采用2水平，主要探究主轴转速 n_s、砂轮线速度 v_s 和磨削深度 a_p 对加工表面形貌的耦合影响。立轴端面磨削和卧轴圆周磨削的全因子实验方案分别如表4.5和表4.6所示。实验结束后，对所有试件进行超声清洗，再通过 LEXT OLS4100 3D 激光共聚焦显微镜测量每个试样已磨削表面的三维表面粗糙度 S_q 和 S_{dr}，每个表面测量5个不同位置，取其平均值作为 S_q 和 S_{dr} 的实验结果，通过式（4.3）计算三维粗糙度综合指标 S_s，立轴端面磨削和卧轴圆周磨削的全因子实验结果分别如表4.5和表4.6所示。

表4.5 立轴端面磨削的全因子实验方案及结果

实验编号	n_s /r·min^{-1}	v_f /mm·min^{-1}	a_p /μm	S_q /μm	S_{dr}	S_s
1	2000	50	5	3.072	6.815	0.405680
2	4000	50	5	2.152	5.467	0.268358
3	6000	50	5	1.773	1.008	0.091874
4	8000	50	5	2.595	2.450	0.221866
5	2000	50	10	4.093	10.148	0.614506
6	4000	50	10	2.109	7.892	0.338367
7	6000	50	10	1.753	4.177	0.171758
8	8000	50	10	2.241	4.991	0.238995
9	2000	50	20	5.154	16.012	0.905251
10	4000	50	20	3.118	7.635	0.435664
11	6000	50	20	2.662	3.519	0.259878
12	8000	50	20	2.571	4.985	0.297234
13	2000	50	40	2.771	17.151	0.691803
14	4000	50	40	4.855	6.396	0.377511
15	6000	50	40	2.911	4.136	0.294041
16	8000	50	40	2.882	4.296	0.308492
17	2000	100	5	3.039	8.024	0.439378
18	4000	100	5	2.814	7.189	0.390271
19	6000	100	5	1.581	6.127	0.229104
20	8000	100	5	3.043	2.600	0.273179
21	2000	100	10	2.938	13.606	0.600317
22	4000	100	10	3.237	10.943	0.549686

续表 4.5

实验编号	n_s /r·min^{-1}	v_f /mm·min^{-1}	a_p /μm	S_q /μm	S_{dr}	S_s
23	6000	100	10	2.895	5.614	0.350334
24	8000	100	10	3.169	6.071	0.392938
25	2000	100	20	5.959	15.715	0.980052
26	4000	100	20	3.417	11.211	0.576684
27	6000	100	20	3.374	6.657	0.372681
28	8000	100	20	3.299	7.452	0.410277
29	2000	100	40	3.728	15.636	0.745035
30	4000	100	40	4.924	3.882	0.508661
31	6000	100	40	3.094	6.890	0.432311
32	8000	100	40	2.815	6.613	0.448913

表 4.6 卧轴圆周磨削的全因子实验方案及结果

实验编号	v_s /m·s^{-1}	v_f /mm·min^{-1}	a_p /μm	S_q /μm	S_{dr}	S_s
1	20	15	5	1.602	1.705	0.071294
2	30	15	5	1.502	1.777	0.063081
3	40	15	5	1.485	1.307	0.051675
4	45	15	5	1.372	1.738	0.048411
5	20	15	10	2.016	1.709	0.114578
6	30	15	10	1.522	2.566	0.089402
7	40	15	10	1.526	2.135	0.076580
8	45	15	10	1.637	1.764	0.076864
9	20	15	20	2.156	2.227	0.145086
10	30	15	20	1.950	2.261	0.123551
11	40	15	20	1.707	2.168	0.096464
12	45	15	20	1.756	2.122	0.100159
13	20	15	40	2.384	2.158	0.166736
14	30	15	40	2.199	1.794	0.136268
15	40	15	40	1.802	2.502	0.126154
16	45	15	40	2.042	2.365	0.137439

续表4.6

实验编号	v_s /m·s^{-1}	v_f /mm·min^{-1}	a_p /μm	S_q /μm	S_{dr}	S_s
17	20	25	5	1.907	2.987	0.142472
18	30	25	5	1.855	2.502	0.122153
19	40	25	5	1.846	1.983	0.105273
20	45	25	5	1.651	2.002	0.085526
21	20	25	10	2.291	2.625	0.171386
22	30	25	10	1.732	3.319	0.134426
23	40	25	10	1.940	2.259	0.123549
24	45	25	10	1.661	3.035	0.118301
25	20	25	20	2.569	2.636	0.200706
26	30	25	20	2.178	2.707	0.162124
27	40	25	20	2.086	2.662	0.151150
28	45	25	20	2.236	2.035	0.147528
29	20	25	40	2.856	2.671	0.231702
30	30	25	40	2.472	2.538	0.187583
31	40	25	40	2.474	2.153	0.175965
32	45	25	40	2.412	2.552	0.181758

4.4.2 立轴端面磨削工艺参数对表面形貌耦合影响研究

4.4.2.1 立轴端面磨削的主轴转速 n_s 对表面形貌的影响

根据立轴端面磨削全因子实验结果，分别绘制低进给速度（v_f = 50mm/min）和高进给速度（v_f = 100mm/min）时不同磨削深度 a_p 条件下的主轴转速 n_s 对三维粗糙度综合指标 S_s 的影响规律曲线，分别如图4.27和图4.28所示（特别说明：考虑到图中的数据点很多，为了图面清晰，图中没有添加误差棒）。

从图4.27和图4.28中可以看出，在低进给速度（v_f = 50mm/min）和高进给速度（v_f = 100mm/min）两种情况下，对于所有磨削深度 a_p，随着主轴转速 n_s 从2000r/min 增大到6000r/min，三维粗糙度综合指标 S_s 不断减小，而当 n_s 继续增加到8000r/min 时，S_s 反而增大。分析其原因：在 n_s 从2000r/min

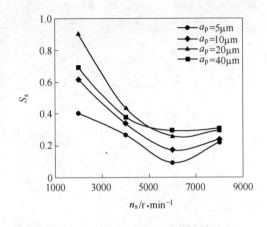

图 4.27 $v_f=50$mm/min 时主轴转速 n_s 对三维粗糙度综合指标 S_s 的影响

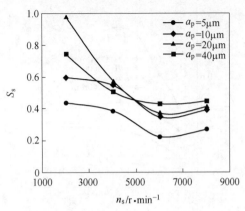

图 4.28 $v_f=100$mm/min 时主轴转速 n_s 对三维粗糙度综合指标 S_s 的影响

增加到 6000r/min 过程中,未变形切屑厚度减小,SiC 增强颗粒的脆性去除特性和 Al 基体的塑性变形特性减弱,表面形貌质量提高;当 n_s 继续增大到 8000r/min 时,过大的主轴转速 n_s 导致切削速度和冲击能陡增,SiC 颗粒相互冲击碰撞加剧,SiC 颗粒脆性去除特性加剧,加工缺陷增多,同时,磨削区域温度骤升,磨屑黏附在磨具表面,降低磨具磨削性能,磨削表面形貌质量降低。

值得关注的是,图 4.27 和图 4.28 显示,在主轴转速 n_s 为 4000~8000r/min 范围内,当磨削深度 a_p 较小时(5μm 和 10μm),S_s 变化率是较大的,而当磨削深度 a_p 较大时(特别是 40μm),S_s 变化率是较小的。分析其原因:当磨削深度较大时,SiC 增强颗粒相互冲击碰撞对主轴转速 n_s 更加敏感,更显著地抵消了主轴转速 n_s 增加的有利影响,主轴转速 n_s 增加的利弊影响更接近,故 S_s 变化率较小。

4.4.2.2 立轴端面磨削的磨削深度 a_p 对表面形貌的影响

根据立轴端面磨削全因子实验结果,分别绘制低进给速度($v_f=$ 50mm/min)和高进给速度($v_f=100$mm/min)时不同主轴转速 n_s 条件下的磨削深度 a_p 对三维粗糙度综合指标 S_s 的影响规律曲线,分别如图 4.29 和图 4.30 所示(特别说明:考虑到图中的数据点很多,为了图面清晰,图中没有添加误差棒)。

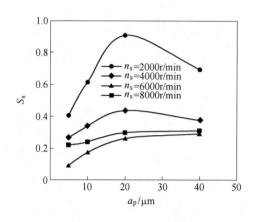

图 4.29 $v_f = 50\text{mm/min}$ 时立轴端面磨削的磨削深度 a_p 对三维粗糙度综合指标 S_s 的影响

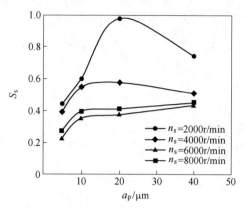

图 4.30 $v_f = 100\text{mm/min}$ 时立轴端面磨削的磨削深度 a_p 对三维粗糙度综合指标 S_s 的影响

从图 4.29 和图 4.30 中可以看出，对于低进给速度（$v_f = 50\text{mm/min}$）和高进给速度（$v_f = 100\text{mm/min}$）条件均有如下结论：当主轴转速 n_s 较低时（2000r/min 和 4000r/min），随着磨削深度 a_p 增加（从 5~40μm），三维粗糙度综合指标 S_s 先增加后减小，拐点出现在 a_p 为 20μm 处；当主轴转速 n_s 较高时（6000r/min 和 8000r/min），随着磨削深度 a_p 增加（从 5~40μm），三维粗糙度综合指标 S_s 递增，且变化率递减。分析其原因：随着磨削深度 a_p 增加（从 5~20μm），未变形切屑厚度增加，SiC 增强颗粒相互冲击碰撞加剧，SiC 增强颗粒脆性去除特性加剧，诱发一系列加工缺陷，表面形貌变差，三维粗糙度综合指标 S_s 增大。而当磨削深度 a_p 进一步增加（从 20~40μm），磨具圆柱面上的磨粒逐渐介入有效磨削，提升磨具切削性能，对于低主轴转速 n_s（2000r/min 和 4000r/min），磨削表面形貌质量提升，三维粗糙度综合指标 S_s 减小；而对于高主轴转速 n_s（6000r/min 和 8000r/min），高切削速度和高切深的叠加作用诱发更严重的 SiC 增强颗粒相互冲击碰撞，其不利影响大于磨具圆柱面磨粒介入磨削的有益影响，此时，磨削表面形貌变差，三维粗糙度综合指标 S_s 增大，但增幅较小。

综上所述，对于高体积分数 SiCp/Al 复合材料立轴端面磨削，主轴转速 n_s 过小和过大都不利于获得较好的加工表面形貌质量，在本章采用的工艺参数取值范围内，主轴转速 n_s 为 6000r/min 是较理想的选择，尽量小的磨削深

度 a_p 和进给速度 v_f 有利于获得较好的加工表面形貌质量，获得最佳磨削表面形貌质量的立轴端面磨削工艺参数是：主轴转速 n_s 为 6000r/min，进给速度 v_f 为 25mm/min，磨削深度 a_p 为 5μm。

立轴端面磨削工艺参数对三维粗糙度综合指标 S_s 的耦合影响是比较显著的，进给速度 v_f 和磨削深度 a_p 越小，主轴转速 n_s 对三维粗糙度综合指标 S_s 的影响越显著；进给速度 v_f 较大和主轴转速 n_s 越低，磨削深度 a_p 对三维粗糙度综合指标 S_s 的影响越显著，而且，在不同的主轴转速 n_s 条件下，磨削深度 a_p 对 S_s 的影响规律是不同的。

4.4.3 卧轴圆周磨削工艺参数对表面形貌耦合影响研究

4.4.3.1 卧轴圆周磨削的砂轮线速度 v_s 对表面形貌的影响

根据卧轴圆周磨削的全因子实验结果，分别绘制低进给速度（v_f = 15mm/min）和高进给速度（v_f = 25mm/min）时不同磨削深度 a_p 条件下砂轮线速度 v_s 对三维粗糙度综合指标 S_s 的影响规律曲线，分别如图 4.31 和图 4.32 所示（特别说明：考虑到图中的数据点很多，为了图面清晰，图中没有添加误差棒）。

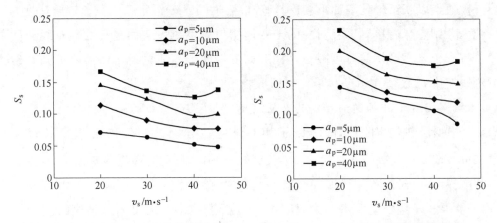

图 4.31　v_f = 15mm/min 时砂轮线速度 v_s　　图 4.32　v_f = 25mm/min 时砂轮线速度 v_s
　　　对三维粗糙度综合指标 S_s 的影响　　　　　　　对三维粗糙度综合指标 S_s 的影响

从图 4.31 和图 4.32 中可以看出，在低进给速度（v_f = 15mm/min）和高进给速度（v_f = 25mm/min）两种情况下，对于所有磨削深度 a_p，当砂轮线速度 v_s 从 20m/s 增大到 40m/s 时，砂轮线速度 v_s 对三维粗糙度综合指标 S_s

的影响规律是基本一致的,即三维粗糙度综合指标 S_s 随着砂轮线速度 v_s 增加而递减;而当砂轮线速度 v_s 从 40m/s 增大到 45m/s 时,在不同磨削深度 a_p 条件下,砂轮线速度 v_s 对三维粗糙度综合指标 S_s 的影响规律却是各不相同的,当磨削深度 a_p 很小时(5μm), S_s 随着 v_s 增大而减小,当磨削深度 a_p 不断增大, S_s 随着 v_s 增大而减小的趋势逐渐转变为递增趋势。分析其原因:在砂轮线速度 v_s 从 20m/s 增大到 40m/s 过程中,单颗磨粒对应的未变形切屑厚度减小,SiC 增强颗粒相互冲击碰撞减弱,SiC 增强颗粒的脆性去除特性和 Al 基体的塑性变形特性减弱,表面形貌质量提高,三维粗糙度综合指标 S_s 减小;而在砂轮线速度 v_s 从 40m/s 增大到 45m/s 过程中,虽然单颗磨粒对应的未变形切屑厚度减小,但随着磨削深度 a_p 增加,高切削速度和高磨削深度的耦合作用诱发 SiC 增强颗粒相互冲击碰撞逐渐加剧,表面形貌逐渐变差, S_s 随砂轮线速度 v_s (从 40m/s 增大到 45m/s)的变化趋势逐渐转变为递增。

值得注意的是,更大的磨削深度 a_p 使三维粗糙度综合指标 S_s 随砂轮线速度 v_s 变化的拐点提前,而更大的进给速度 v_f 使其拐点延后。分析其原因:在进给速度 v_f 恒定条件下,磨削深度 a_p 越大,高砂轮线速度 v_s 将诱发更剧烈的 SiC 增强颗粒相互冲击碰撞,表面形貌越差,故需要更低的砂轮线速度 v_s 极值点以获得最佳表面形貌质量;在磨削深度 a_p 恒定条件下,进给速度 v_f 越大,则意味着单颗磨粒对应的未变形切屑厚度越大,而更高的砂轮线速度 v_s 有利于未变形切屑厚度减小,提高加工表面形貌质量,所以需要更高的砂轮线速度 v_s 极值点以获得最佳表面形貌质量。

4.4.3.2 卧轴圆周磨削的磨削深度 a_p 对表面形貌的影响

根据卧轴圆周磨削的全因子实验结果,分别绘制低进给速度(v_f = 15mm/min)和高进给速度(v_f = 25mm/min)时不同砂轮线速度 v_s 条件下磨削深度 a_p 对三维粗糙度综合指标 S_s 的影响规律曲线,分别如图 4.33 和图 4.34 所示(特别说明:考虑到图中的数据点很多,为了图面清晰,图中没有添加误差棒)。

从图 4.33 和图 4.34 中可以看出,在低进给速度(v_f = 15mm/min)和高进给速度(v_f = 25mm/min)两种情况下,对于所有砂轮线速度 v_s ,磨削深度 a_p 对三维粗糙度综合指标 S_s 的影响规律是基本一致的,即三维粗糙度综合指标 S_s 随着磨削深度 a_p 增加(从 5~40μm)而递增。分析其原因:随

着磨削深度 a_p 增加，单颗磨粒对应的未变形切屑厚度增加，SiC 增强颗粒相互冲击碰撞加剧，SiC 增强颗粒脆性去除特性和 Al 基体塑性变形特性增强，Al 涂覆量和质量降低，表面形貌变差，三维粗糙度综合指标 S_s 增大。

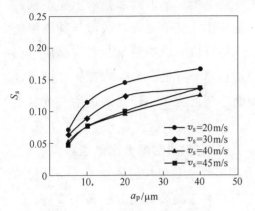

图 4.33　$v_f=15$mm/min 时卧轴圆周磨削的磨削深度 a_p 对三维粗糙度综合指标 S_s 的影响

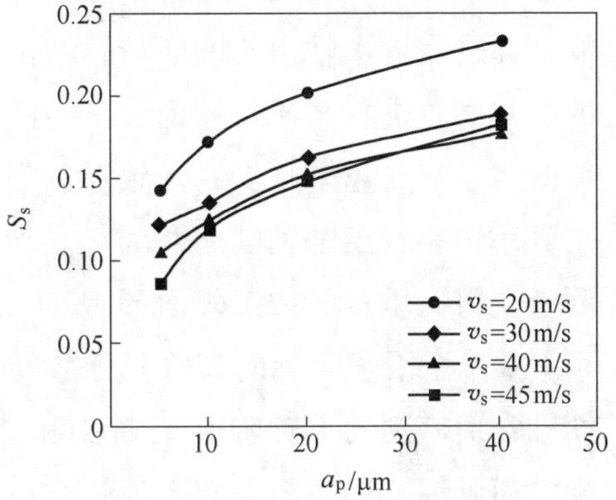

图 4.34　$v_f=25$mm/min 时卧轴圆周磨削的磨削深度 a_p 对三维粗糙度综合指标 S_s 的影响

综上所述，对于高体积分数 SiCp/Al 复合材料卧轴圆周磨削，较大的砂轮线速度 v_s 有利于提高加工表面形貌质量，但当磨削深度 a_p 也较大时，过大的砂轮线速度 v_s 更倾向于降低加工表面形貌质量，因其诱发更严重的 SiC 增强颗粒相互冲击碰撞，最佳磨削表面形貌质量对应的砂轮线速度 v_s 极值点是磨削深度 a_p 和进给速度 v_f 耦合影响的结果；尽量小的磨削深度 a_p 和进给速度 v_f 有利于获得较好的加工表面形貌质量；在本章的工艺参数取值范围内，获得最佳磨削表面质量的卧轴圆周磨削工艺参数是：砂轮线速度 v_s 为 45m/s，进给速度 v_f 为 5mm/min，磨削深度 a_p 为 5μm。

4.5　立轴端面磨削和卧轴圆周磨削工艺对比分析

通过上述高体积分数 SiCp/Al 复合材料立轴端面磨削和卧轴圆周磨削的单因素实验和全因子实验结果可知，在各自常用的工艺参数范围内，卧轴圆周磨削的加工表面形貌质量优于立轴端面磨削，表面微观形貌 SEM 图和三维形貌图显示立轴端面磨削的 SiC 颗粒冲击碰撞更剧烈，SiC 颗粒脆性去除诱发更多的麻点和凹坑等缺陷，SiC 颗粒表面更粗糙，Al 涂覆量和质量更低，表面破碎比更大。分析其原因：一方面，立轴端面磨削的磨具结构和切削运动形式决定了其加工表面形貌质量低于卧轴圆周磨削，立轴端面磨削的磨具尺寸小，主要利用磨棒端面的磨粒进行切削加工，单位时间内参与有效磨削的磨粒数目少，而且，平行于加工面的旋转进给运动形式加剧了上述不利影响，即越靠近主轴中心的磨粒，切削速度越小，其主要依靠端面外圆周附近的少量磨粒进行高质量切削加工，随着这部分磨粒磨损脱落，参与高质量切削的磨粒数目越来越少，导致加工表面形貌质量降低。另一方面，考虑到加工效率，相较于卧轴圆周磨削，立轴端面磨削通常采用较高的进给速度，不利于获得高质量的加工表面形貌。

基于全因子实验的高体积分数 SiCp/Al 复合材料磨削表面形貌研究表明，立轴端面磨削的主轴转速 n_s 过小和过大都不利于获得较好的加工表面形貌质量，而卧轴圆周磨削的较大砂轮线速度 v_s 有利于提高加工表面形貌质量，但当磨削深度 a_p 也较大时，过大的砂轮线速度 v_s 更倾向于降低加工表面形貌质量；对于立轴端面磨削和卧轴圆周磨削，尽量小的磨削深度 a_p 和进给速度 v_f 有利于获得较好的加工表面形貌质量。相较于卧轴圆周磨削，立轴端面磨削工艺参数对三维粗糙度综合指标 S_s 的耦合影响更加显著。

总而言之，卧轴圆周磨削是更高效更高质的高体积分数 SiCp/Al 复合材料磨削加工方法，对于立轴端面磨削，可以将磨具安装在加工中心或铣床，实现复杂结构和曲面的精密加工。

5 数据驱动的高体积分数 SiCp/Al 复合材料磨削表面质量预测及磨削工艺参数优化

高体积分数 SiCp/Al 复合材料微观结构和磨削过程的复杂性和随机性导致加工表面质量与工艺参数的映射关系无法建立精确的数学模型,开展数据驱动的高体积分数 SiCp/Al 复合材料磨削表面质量预测及工艺参数多目标优化具有重要的工程应用价值。

数据驱动的磨削表面质量预测与磨削工艺参数多目标优化采用如下实施方式:开展合理有效的实验设计,按照实验设计方案进行物理实验以获取原始数据,经过数据的处理和挖掘,实现输入(磨削工艺参数)与输出(磨削表面质量指标)的数据建模,用以揭示磨削工艺参数与磨削表面指标的关联关系,预测磨削表面质量,运用优化求解算法实现磨削工艺参数的多目标优化。借助数据处理技术和软件 Matlab 的相关功能搭建数据驱动的预测及多目标优化平台,包括实验设计、代理模型构建、精度检验和优化求解等功能,每一个功能提供多种算法,以满足预测模型优选和优化求解精度提升的需求。

5.1 数据驱动的预测与多目标优化平台概述

如图 5.1 所示,数据驱动的预测与优化流程如下:运用实验设计方法获取合理的磨削工艺参数采样点集,通过物理实验获得采样点的响应值,应用相关的算法建立采样点与响应值映射关系的数学统计模型,即代理模型(surrogate model),利用代理模型替代磨削工艺参数与磨削表面质量指标的实际映射数学模型,然后利用优化求解算法对代理模型进行优化求解。该方法的优点是在少量数据的基础上构建工艺参数与预测指标的映射关系,以此进行高效的预测与优化。

如图 5.2 所示,从功能的程序实现角度考虑,数据驱动的预测与优化平

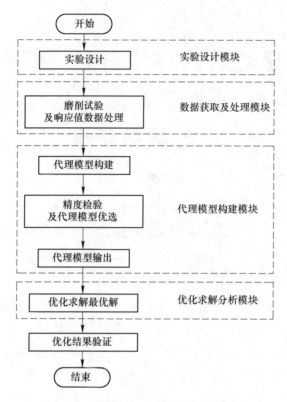

图 5.1 数据驱动的预测与优化流程

台包括实验设计模块、数据获取及处理模块、代理模型构建模块和优化求解分析模块,每个模块有多种方法和算法可供选择,借助软件 Matlab 的相关功能构建。实验设计模块提供两类实验设计方法,即传统实验设计方法和空间填充实验设计方法,其中,传统实验设计方法包括中心复合实验设计、中心组合实验设计、全析因实验设计和正交实验设计,空间填充实验设计方法包括 Halton 序列实验设计、Sobol 序列实验设计、拉丁超立方抽样实验设计和栅格实验设计。数据获取及处理模块包括实验结果数据载入和数据筛选等功能,数据筛选功能可以通过条件式筛选或(和)人工筛选实现。代理模型构建模块包括代理模型构建和模型精度检测及优选功能,其中代理模型构建功能既提供传统的单级建模(one-stage modeling)方法和双级建模(two-stage modeling)方法,这两种方法均可采用多项式响应面模型(linear polynomial models)、径向基函数网络模型(RBF)、混合优化径向基网络模型(hybrid RBF)和神经网络模型(neural network)四种基本建模算法。模型精度检测及优选功能提供训练数据的拟合精度检测和验证数据的预测精度检测,其中,训练数据的拟合精度检测通过学生化残差视图(studentized residuals viewer)和均方根误差数值(RMSE)实现,验证数据的预测精度检测通过绝对误差视图(predicted absolute error viewer)和均方根误差数值(RMSE)实现。优化求解分析模块主要采用 Matlab 内嵌的优化求解函数 Fopton、GA 和 NBI。

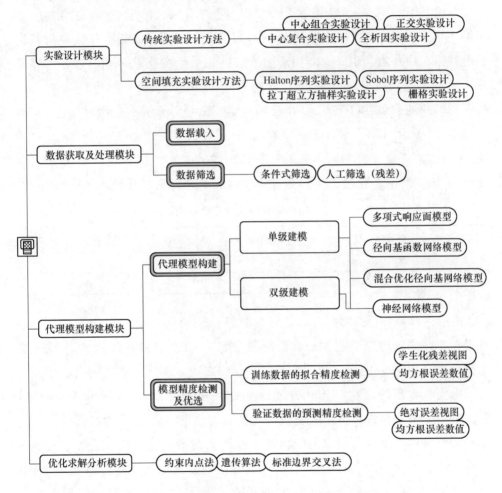

图 5.2 数据驱动的预测与优化平台框架图

5.2 高体积分数 SiCp/Al 复合材料磨削表面质量预测及磨削工艺参数优化实施

利用上述数据驱动的预测与优化平台,以体积分数为 62.5% 的 SiCp/Al

复合材料卧轴圆周磨削为例，实施高体积分数 SiCp/Al 复合材料磨削表面质量预测及磨削工艺参数多目标优化，将加工表面形貌的三维粗糙度综合指标 S_s 作为（狭义的）磨削表面质量评价指标。

5.2.1 实验设计

本章采用与第 4 章卧轴圆周磨削相同的磨床、砂轮和实验材料。如图 4.3 所示，采用浙江固本精密机械有限公司制造的 SG-63SPC 数控高精密平面磨床，冷却液为 Blaser 专用磨削液，砂轮采用树脂基金刚石砂轮，砂轮具体参数如下：外径为 300mm，砂轮厚度为 40mm，磨料层厚度为 10mm。金刚石磨粒的粒度为 D126（120/140）。如图 4.5 所示，实验材料是 SiCp/Al2024-T6 复合材料，SiC 增强颗粒体积分数为 62.5%，颗粒平均尺寸为 40μm。实验变量（模型输入变量）是砂轮线速度 v_s、进给速度 v_f 和磨削深度 a_p，根据磨削经验值，实验变量的取值范围如表 5.1 所示。

表 5.1 实验变量的取值范围

实验变量	砂轮线速度 v_s/m·s^{-1}	进给速度 v_f/mm·min^{-1}	磨削深度 a_p/μm
上极限	50	25	40
下极限	20	5	0.5

由第 4 章高体积分数 SiCp/Al 复合材料卧轴圆周磨削的表面形貌分析结果可知，在固定的进给速度 v_f 和磨削深度 a_p 条件下，砂轮线速度 v_s 对三维粗糙度综合指标 S_s 的影响规律曲线呈现近似二次多项式，存在拐点趋势，同时考虑实验数据的层次结构和代理模型的双级建模（two-stage modeling）需要，采用如下实验设计策略：将进给速度 v_f 和磨削深度 a_p 作为组合进行双变量的实验设计，组合实验点的数目确定为 27；对砂轮线速度 v_s 进行单变量的实验设计，实验点的数目确定为 10；最后将进给速度 v_f 和磨削深度 a_p 的组合实验设计方案与砂轮线速度 v_s 的单变量实验设计方案进行整合，即在每个固定的进给速度 v_f 和磨削深度 a_p 组合实验点，遍历砂轮线速度 v_s 的设计点，最终确定包含 3 个变量的实验设计方案，实验点总数目是 270。

相较于传统实验设计方法，空间填充实验设计方法对输入-输出响应系统的认知水平要求较低，而且能快速地实现因子数值覆盖范围最大化，可以构建非参数化模型（例如混合优化径向基网络模型、神经网络等），根据实际需求，本节选择空间填充实验设计方法。空间填充实验设计方法的拉丁超立方抽样实验设计是被广泛应用于多变量多维分布抽样的有效方法，故进给速度 v_f 和磨削深度 a_p 双变量实验设计采用拉丁超立方抽样实验设计，其参数设置如图 5.3（a）所示，实验点的数目确定为 27，抽样准则选为 Minimize RMS variation from CDF，即使得累积分布函数与理想累积分布函数（CDF）之间的均方根偏差值最小，同时，为了生成更好的拉丁超立方样本，选择对称设计点设置（enforce symmetrical points），实现每个设计点都有一个相对于

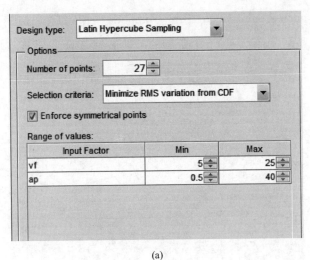

(a)

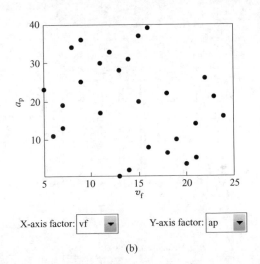

(b)

图 5.3 进给速度 v_f 和磨削深度 a_p 的双变量实验设计

(a) 参数设置界面；(b) 设计点分布视图

设计体积中心的镜像设计点。从图 5.3（b）所示的进给速度 v_f 和磨削深度 a_p 的双变量实验设计点分布可以看出，设计点在设计空间内的均匀随机分布性较好，能有效地反映空间信息的整体情况和多样性。

空间填充实验设计方法的 Halton 序列实验设计是具有较好均匀性的低偏差拟随机点设计方法，对单变量实验设计，可以高效地生成质量较好的样本，故砂轮线速度 v_s 的单变量实验设计采用 Halton 序列实验设计，其参数设置如图 5.4（a）所示，实验点的数目确定为 10，选择利用质数的数目跨越取点（leap sequence points using prime number）和跨越序列第一个点（skip zero point）设置。从图 5.4（b）所示的砂轮线速度 v_s 单变量实验设计点分布

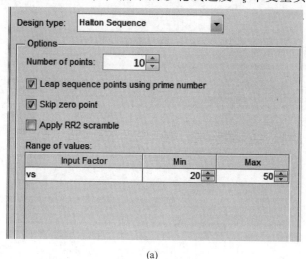

(a)

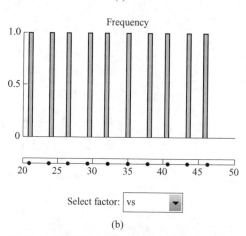

(b)

图 5.4　砂轮线速度 v_s 的单变量实验设计

(a) 参数设置界面；(b) 设计点分布视图

可以看出，获得的样本具有较好的质量，即低偏差和最大化的覆盖范围。

最后，在每个固定的进给速度 v_f 和磨削深度 a_p 组合实验点，遍历砂轮线速度 v_s 设计点，生成砂轮线速度 v_s、进给速度 v_f、磨削深度 a_p 的三变量实验设计点样本，实验设计点总数目是 270，其分布如图 5.5 所示。从图 5.5 可以看出，实验设计点样本既满足后续代理模型构建的需求，又能高效地实现均匀分布和大范围覆盖。

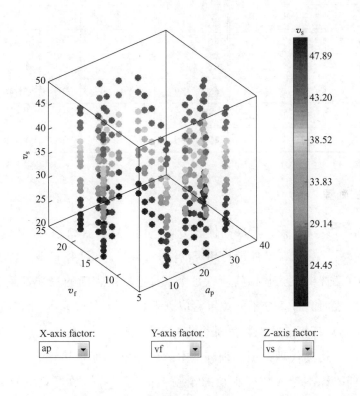

图 5.5 砂轮线速度 v_s、进给速度 v_f、磨削深度 a_p 的三变量实验设计点分布

图 5.5 彩图

基于上述实验设计思路和方法，砂轮线速度 v_s、进给速度 v_f、磨削深度 a_p 的三变量实验方案的部分数据如表 5.2 所示。

表5.2 代理模型训练样本的部分数据

序号	v_s /m·s^{-1}	v_f /mm·min^{-1}	a_p /μm	S_s	序号	v_s /m·s^{-1}	v_f /mm·min^{-1}	a_p /μm	S_s
1	22	13	0.5	0.264	136	35	15	20	0.337
2	24	13	0.5	0.206	137	37	15	20	0.300
3	27	13	0.5	0.178	138	39	15	20	0.298
4	30	13	0.5	0.130	139	43	15	20	0.293
5	31	13	0.5	0.125	140	46	15	20	0.287
⋮	⋮	⋮	⋮	⋮	⋮	⋮	⋮	⋮	⋮
131	22	15	20	0.538	266	35	16	39	0.773
132	24	15	20	0.510	267	37	16	39	0.751
133	27	15	20	0.454	268	39	16	39	0.746
134	30	15	20	0.365	269	43	16	39	0.760
135	31	15	20	0.359	270	46	16	39	0.773

5.2.2 数据获取及处理

根据表5.2所示的实验方案,开展高体积分数SiCp/Al复合材料卧轴圆周磨削实验。实验结束后,对所有试件进行超声清洗,再通过如图4.4(b)所示的LEXT OLS4100 3D激光共聚焦显微镜测量每个试样已磨削表面的三维表面粗糙度S_q和S_{dr},每个表面测量5个不同位置,取其平均值作为S_q和S_{dr}的实验结果,并通过式(4.3)计算三维粗糙度综合指标S_s,数据归一化处理后分布于[0,1]区间,用于构建代理模型的训练样本的部分数据列于表5.2。

将代理模型的训练样本导入数据驱动的预测与优化平台的数据获取及处理模块,开展数据的合理性检查和修正处理,如图5.6所示。需要说明,代理模型的训练样本按照固定的进给速度v_f和磨削深度a_p组合进行分组(tests),在每组实验内遍历10个砂轮线速度v_s数值,进行此数据分组既符合实验设计策略,又便于数据的分组检查。

数据检查发现9个异常数据,通过开展重复实验,对此9个异常数据进行修正,其修正值如表5.3所示。

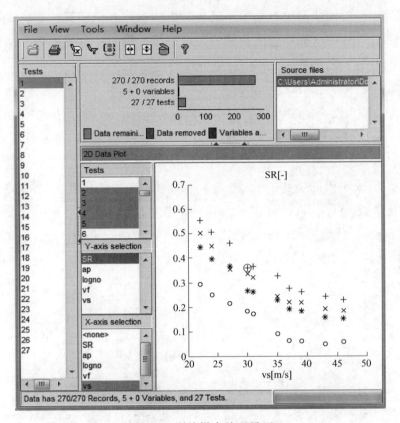

图 5.6 训练样本处理界面

表 5.3 训练样本的异常数据修正值

序号	v_s /m·s^{-1}	v_f /mm·min^{-1}	a_p /μm	S_s	序号	v_s /m·s^{-1}	v_f /mm·min^{-1}	a_p /μm	S_s
45	31	18	6.5	0.262	162	24	5	23	0.412
62	24	19	10	0.471	178	39	9	25	0.365
75	31	6	11	0.050	192	24	13	28	0.715
88	39	7	13	0.032	225	31	12	33	0.681
129	37	7	19	0.158					

5.2.3 代理模型构建与磨削表面质量预测

将上述处理过的含有270组数据的训练样本导入数据驱动的预测与优化

平台的代理模型构建模块,采用不同代理模型构建方法和算法建立多个代理模型,然后通过评价标准选定最佳的代理模型,进而实现磨削表面质量预测和后续的磨削工艺参数优化。

5.2.3.1 采用单级建模方法

在单级建模(one-stage modeling)流程下,分别采用多项式模型(polynomial)、径向基函数网络模型(RBF)、混合径向基函数网络模型(hybrid RBFs)和神经网络模型(neural network)构建不同的代理模型。

(1)单级建模的多项式模型(polynomial)采用如图5.7所示的参数设置,砂轮线速度v_s、进给速度v_f、磨削深度a_p和交叉项均采用2阶,逐步回归(stepwise)采用 Minimize PRESS(predicted sum square error,预测误差平方和最小)。该代理模型简称为单级多项式代理模型(one-stage polynomial)。

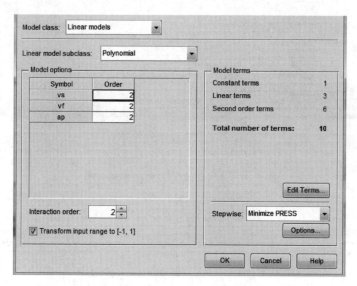

图5.7 单级建模的多项式模型参数设置

(2)单级建模的径向基函数网络模型(radial basis function,RBF)采用如图5.8所示的参数设置,径向基函数(RBF kernel)采用多重二次曲面函数(multiquadric),初始宽度(initial width)和初始λ(initial lambda)分别设置为2和10^{-4}。算法(algorithm)采用 RBF Fit,宽度选择算法(width selection algorithm)采用 TriaWidths,λ选择算法(lambda selection algorithm)

5.2 高体积分数 SiCp/Al 复合材料磨削表面质量预测及磨削工艺参数优化实施

采用 IterateRidge，中心选择算法（center selection algorithm）采用 Rols，中心的最大数目（maximum number of centers）由式 min(nObs/4, 25) 决定。逐步回归（stepwise）采用 Minimize PRESS。该代理模型简称为单级径向基函数网络代理模型（one-stage RBF）。

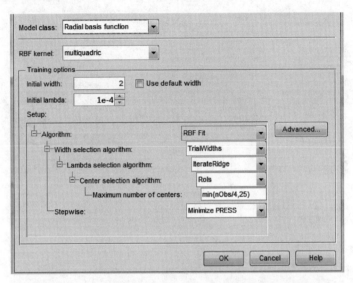

图 5.8　单级建模的径向基函数网络模型参数设置

（3）单级建模的混合径向基函数网络模型（hybrid RBFs）采用如图 5.9 所示的参数设置，RBF 部分采用多重二次曲面函数（multiquadric），初始宽度和初始 λ 分别设置为 2 和 10^{-4}；Linear 部分的所有项均采用 2 阶。该代理模型简称为单级混合径向基函数网络代理模型（one-stage hybRBF）。

（4）单级建模的神经网络模型（neural network）采用如图 5.10 所示的参数设置，隐含层数目（number of hidden layers）为 2，其中，第 1 层的节点数（number of neurons in layer 1）和第二层的节点数（number of neurons in layer 2）分别为 10 和 1。训练算法（training algorithm）是 TrainBR，Marquardt 调整参数 Mu 为 5×10^{-3}，Mu 增加比例系数（decrease factor for mu）和减小比例系数（increase factor for mu）分别为 0.1 和 10。迭代的最大次数设定为 1000。该代理模型简称为单级神经网络代理模型（one-stage NNet）。

5.2.3.2　采用双级建模方法

在双级建模（two-stage modeling）流程下，局部输入（local inputs）只有

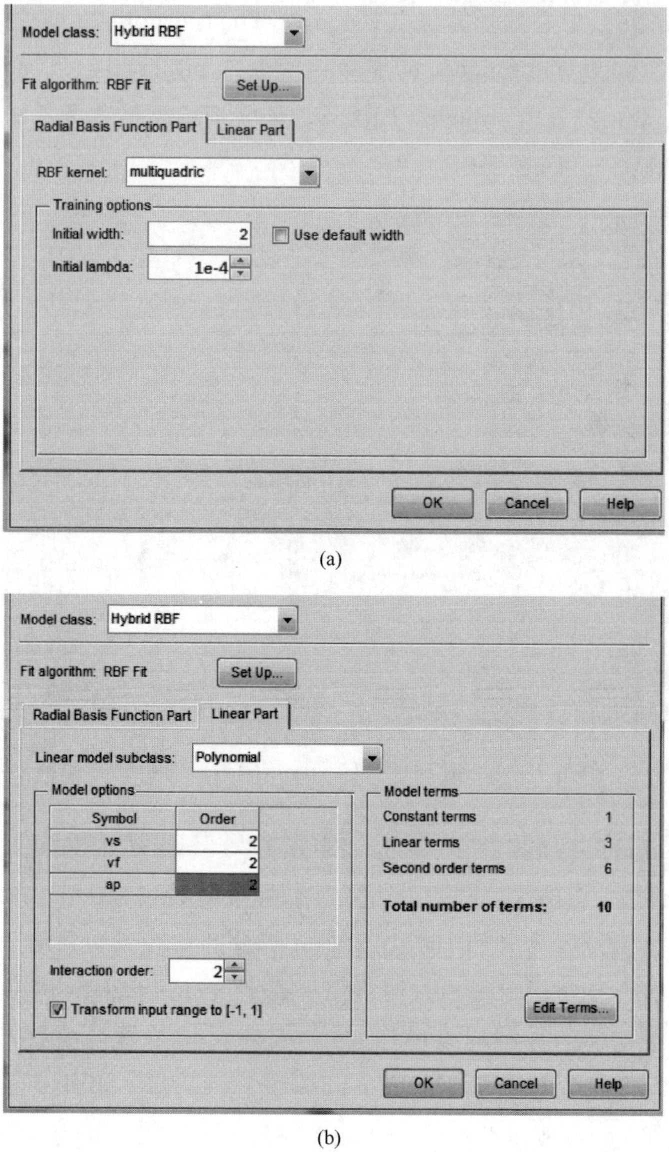

图 5.9 单级建模的混合径向基函数网络模型参数设置
(a) RBF 部分；(b) Linear 部分

1 个变量，即砂轮线速度 v_s，由第 4 章高体积分数 SiCp/Al 复合材料卧轴圆周磨削表面形貌分析结果可知，在固定的进给速度 v_f 和磨削深度 a_p 条件下，砂轮线速度 v_s 对磨削表面形貌质量的影响规律呈现近似二次多项式，存在拐点趋势，故局部模型（local model）只采用多项式样条曲线（polynomial spline）

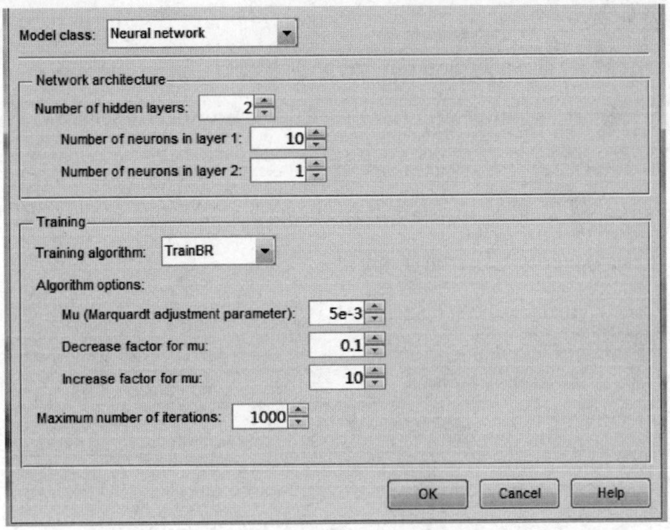

图5.10 单级建模的神经网络模型参数设置

模型,简称为 PS22 模型。局部模型采用如图 5.11 所示的参数设置,节点之前(above knot)和节点之后(below knot)的样条曲线阶数(spline order)均为2。全局输入(global inputs)有2个变量,即进给速度 v_f 和磨削深度 a_p,全局模型(global model)分别采用多项式模型(polynomial)、径向基函数网络模型(RBF)、混合径向基函数网络模型(hybrid RBFs)和神经网络模型(neural network)构建不同的全局模型。同一局部模型和不同的全局模型通过拟合构建不同的双级模型(two-stage model)。接下来,介绍不同的全局模型参数设置。

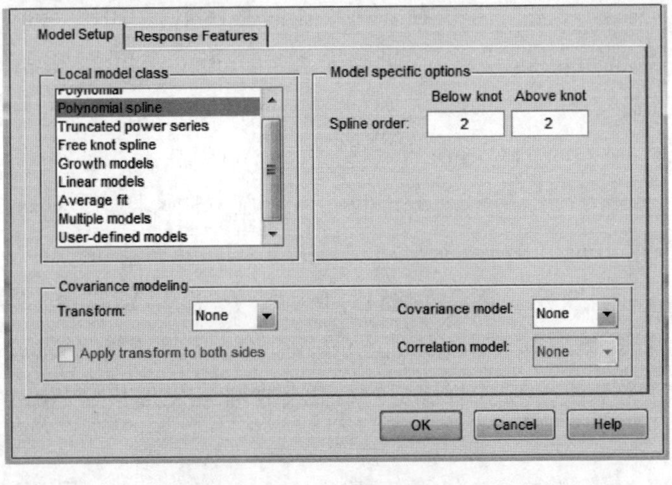

图5.11 双级建模的局部多项式样条曲线模型参数设置

（1）双级建模的全局多项式模型（polynomial）采用如图 5.12 所示的参数设置，该全局模型简称为 polynomial，进给速度 v_f、磨削深度 a_p 和交叉项均采用 2 阶，逐步回归（stepwise）采用 Minimize PRESS（predicted sum square error，预测误差平方和最小）。局部多项式样条曲线 PS22 模型与全局多项式 polynomial 模型通过拟合构建双级模型，简称为双级多项式样条-多项式代理模型（two-stage PS22-polynomial）。

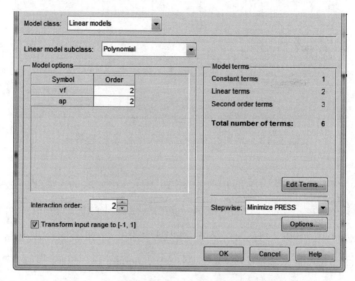

图 5.12　双级建模的全局多项式模型参数设置

（2）双级建模的全局径向基函数网络模型（RBF）采用如图 5.13 所示的参数设置，该全局模型简称为 RBF，径向基函数（RBF kernel）采用多重二次曲面函数（multiquadric），初始宽度（initial width）和初始 λ（initial lambda）分别设置为 2 和 10^{-4}。算法（algorithm）采用 RBF Fit，宽度选择算法（width selection algorithm）采用 TriaWidths，λ 选择算法（lambda selection algorithm）采用 IterateRidge，中心选择算法（center selection algorithm）采用 Rols，中心的最大数目（maximum number of centers）由式 min(nObs/4, 25) 决定。逐步回归（stepwise）采用 Minimize PRESS。局部多项式样条曲线 PS22 模型与全局径向基函数网络 RBF 模型通过拟合构建双级模型，简称为双级多项式样条-径向基函数网络代理模型（two-stage PS22-RBF）。

（3）双级建模的全局神经网络模型（neural network）采用如图 5.14 所

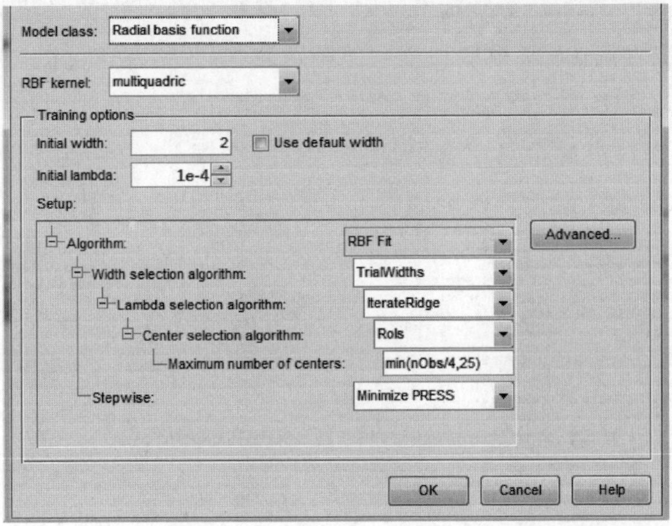

图 5.13　双级建模的全局径向基函数网络模型参数设置

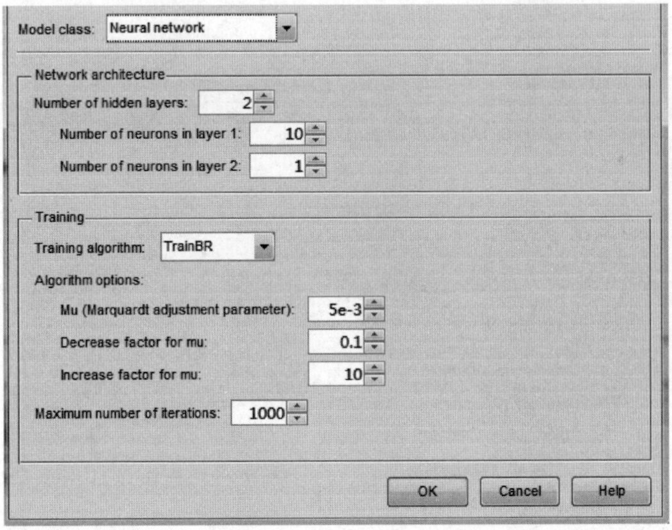

图 5.14　双级建模的全局神经网络模型参数设置

示的参数设置，该全局模型简称为 NNet，隐含层数目（number of hidden layers）为 2，其中，第 1 层的节点数（number of neurons in layer 1）和第二层的节点数（number of neurons in layer 2）分别为 10 和 1。训练算法（training algorithm）是 TrainBR，算法中的 Marquardt 调整参数 Mu 为 5×10^{-3}，Mu 的增加比例系数（decrease factor for mu）和减小比例系数

(increase factor for mu)分别为 0.1 和 10。迭代的最大次数设定为 1000。局部多项式样条曲线 PS22 模型与全局神经网络 NNet 模型通过拟合构建双级模型，简称为双级多项式样条-神经网络代理模型（two-stage PS22-NNet）。

（4）双级建模的全局混合径向基函数网络模型（hybrid RBFs）采用如图 5.15 所示的参数设置，该全局模型简称为 hybRBF，RBF 部分采用多重二

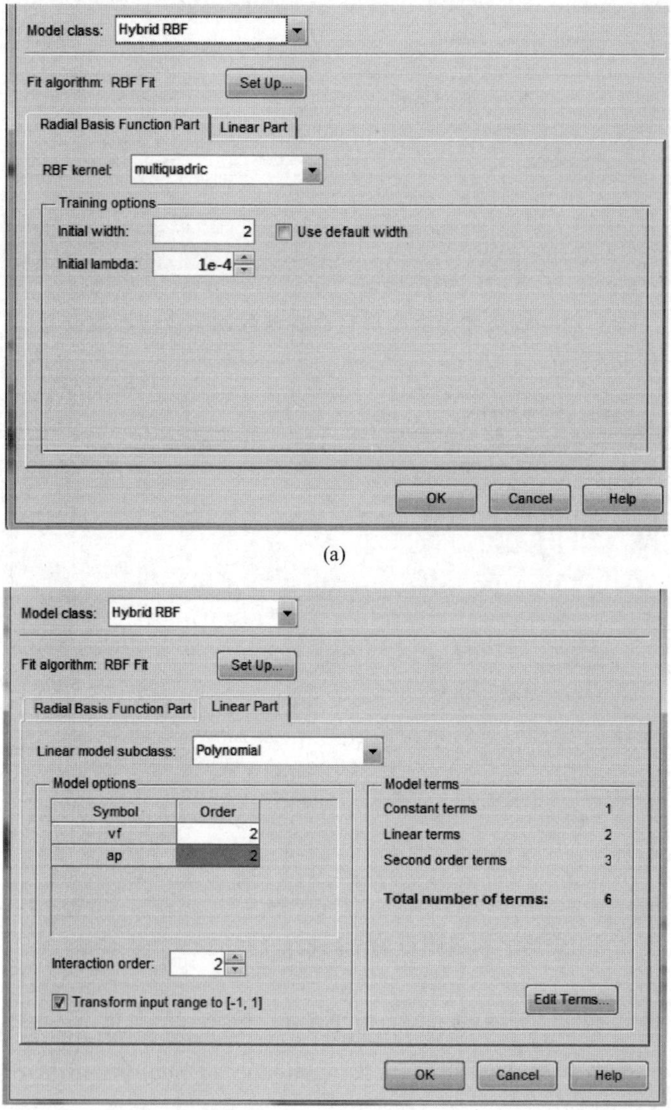

(a)

(b)

图 5.15 双级建模的全局混合径向基函数网络模型参数设置
(a) RBF 部分；(b) Linear 部分

次曲面函数（multiquadric），初始宽度和初始 λ 分别设置为 2 和 10^{-4}；Linear 部分采用 polynomial，进给速度 v_f、磨削深度 a_p 和交叉项均采用 2 阶。局部多项式样条曲线 PS22 模型与全局混合径向基函数网络 hybRBF 模型通过拟合构建双级模型，简称为双级多项式样条-混合径向基函数网络代理模型（two-stage PS22-hybRBF）。

5.2.3.3 代理模型精度检测与优选

通过上述不同的建模方法和算法，成功构建了高体积分数 SiCp/Al 复合材料卧轴圆周磨削表面质量预测的 7 个代理模型，而双级多项式样条-神经网络代理模型（two-stage PS22-NNet）构建失败。后经其他多组数据进行双级建模验证，结果表明神经网络模型不适用于双级建模方法。接下来，需要对这些代理模型的精度进行评价，包括训练样本的拟合精度检测和验证样本的预测精度检测，训练样本的拟合精度检测通过学生化残差视图（studentized residuals viewer）和均方根误差数值（RMSE）实现，验证样本的预测精度检测通过绝对误差视图（absolute error viewer）和均方根误差数值（RMSE）实现，进而优选出最佳的代理模型，将其作为高体积分数 SiCp/Al 复合材料卧轴圆周磨削表面质量预测和磨削工艺参数优化的预测模型。

（1）代理模型的训练样本拟合精度分析。训练样本拟合精度分析包括拟合均方根误差（RMSE）和内学生化残差视图（studentized residuals (internal)）分析。其中，RMSE 反映代理模型总体拟合精度，而内学生化残差反映每个数据点的拟合精度，用于查看拟合异常数据点。7 个代理模型的训练样本拟合均方根误差（RMSE）如表 5.4 所示。从表 5.4 中可以看出，7 个代理模型按训练样本拟合 RMSE 数值由大到小排序是：单级多项式代理模型＞双级多项式样条-多项式代理模型＞单级径向基函数网络代理模型＞单级神经网络代理模型＞单级混合径向基函数网络代理模型＞双级多项式样条-径向基函数网络代理模型＞双级多项式样条-混合径向基函数网络代理模型。由此可以看出，相较于单级建模方法，双级建模方法构建的代理模型的训练样本拟合 RMSE 数值更小，其中，双级多项式样条-混合径向基函数网络代理模型的训练样本拟合 RMSE 数值最小。

单级多项式代理模型、单级径向基函数网络代理模型、单级混合径向基函数网络代理模型、单级神经网络代理模型、双级多项式样条-多项式代理模型、双级多项式样条-径向基函数网络代理模型和双级多项式样条-混合径

表 5.4　代理模型的训练样本拟合均方根误差

代 理 模 型	RMSE
单级多项式代理模型（one-stage polynomial）	0.049
单级径向基函数网络代理模型（one-stage RBF）	0.025
单级混合径向基函数网络代理模型（one-stage hybRBF）	0.023
单级神经网络代理模型（one-stage NNet）	0.024
双级多项式样条-多项式代理模型（two-stage PS22-polynomial）	0.040
双级多项式样条-径向基函数网络代理模型（two-stage PS22-RBF）	0.020
双级多项式样条-混合径向基函数网络代理模型（two-stage PS22-hybRBF）	0.010

向基函数网络代理模型的训练样本拟合残差分别如图 5.16～图 5.22 所示。说明：在内学生化残差视图中，内学生化残差服从正态分布，在区间（−3，−2）和区间（2，3）的点为可疑拟合点，在区间（−∞，−3）和区间（3，∞）的点为异常拟合点，可疑拟合点和异常拟合点统称为广义可疑拟合点。从图 5.23～图 5.26 中可以看出，单级建模方法构建的单级多项式代理模型、单级径向基函数网络代理模型、单级混合径向基函数网络代理模型和单级神经网络代理模型的广义可疑拟合点数目分别为 13、15（含异常点 2 个）、13（含异常点 1 个）和 14（含异常点 3 个），从图 5.27～图 5.29 中可以看出，双级建模方法构建的双级多项式样条-多项式代理模型、双级多项式样条-径向基函数网络代理模型和双级多项式样条-混合径向基函数网络代理模型的广义可疑拟合点数目分别为 11、12 和 8，由此可以看出，相较于单级建模方法，双级建模方法构建的代理模型的广义可疑拟合点数目最少，且均没有拟合异常点。

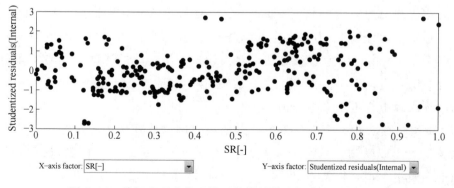

图 5.16　单级多项式代理模型的训练样本拟合学生化残差

5.2 高体积分数 SiCp/Al 复合材料磨削表面质量预测及磨削工艺参数优化实施

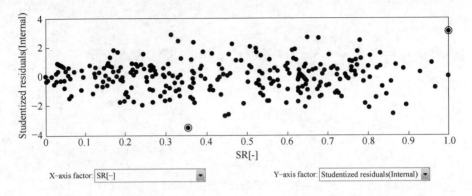

图 5.17 单级径向基函数网络代理模型的训练样本拟合学生化残差

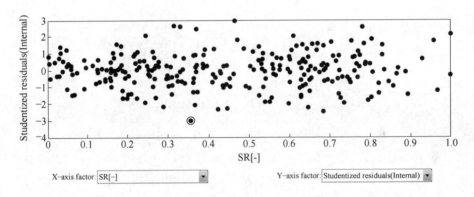

图 5.18 单级混合径向基函数网络代理模型的训练样本拟合学生化残差

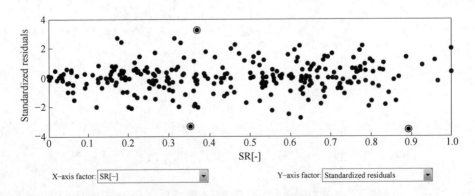

图 5.19 单级神经网络代理模型的训练样本拟合学生化残差

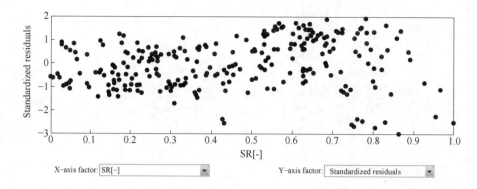

图 5.20 双级多项式样条-多项式代理模型的训练样本拟合学生化残差

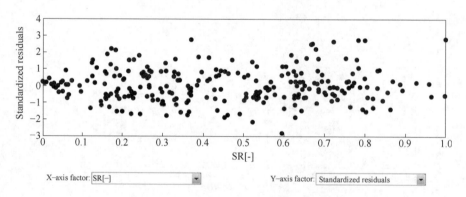

图 5.21 双级多项式样条-径向基函数网络代理模型的训练样本拟合学生化残差

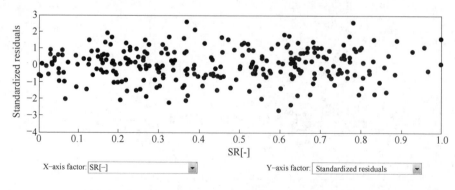

图 5.22 双级多项式样条-混合径向基函数网络代理模型的训练样本拟合学生化残差

综合上述训练样本的拟合均方根误差(RMSE)和内学生化残差分析可知,相较于单级建模方法,双级建模方法构建的代理模型的训练样本拟合精

5.2 高体积分数 SiCp/Al 复合材料磨削表面质量预测及磨削工艺参数优化实施

度更高,其中双级多项式样条-混合径向基函数网络代理模型的训练样本拟合精度最高。

(2)代理模型的验证样本预测精度分析。完成训练样本拟合精度分析之后,需要进行验证样本预测精度分析,包括预测均方根误差(RMSE)和绝对误差(absolute error)视图。验证样本是从第4章表4.6中随机抽取的20组实验数据,列于表5.5。说明:S_{s_1}、S_{s_2}、S_{s_3}、S_{s_4}、S_{s_5}、S_{s_6} 和 S_{s_7} 分别表示单级多项式代理模型、单级径向基函数网络代理模型、单级混合径向基函数网络代理模型、单级神经网络代理模型、双级多项式样条-多项式代理模型、双级多项式样条-径向基函数网络代理模型和双级多项式样条-混合径向基函数网络代理模型的预测值;S_s 是由第4章的实验结果 S_q 和 S_{dr} 通过参考本章训练数据进行归一化处理得到的三维粗糙度综合指标真实值,因为表5.5和表4.6的参考数据不同,所以在这两个表中,归一化处理后的 S_s 数值是不一致的,但本质上是一致的。

表5.5 三维粗糙度综合指标 S_s 的代理模型预测值

v_s /m·s^{-1}	v_f /mm·min^{-1}	a_p /μm	S_s	S_{s_1}	S_{s_2}	S_{s_3}	S_{s_4}	S_{s_5}	S_{s_6}	S_{s_7}
30	5	3	-0.009	-0.084	0.024	0.110	0.035	-0.025	0.053	-0.024
40	5	3	-0.063	-0.143	-0.050	0.015	-0.043	-0.090	0.011	-0.080
20	5	10	0.236	0.198	0.217	0.262	0.195	0.211	0.205	0.210
40	5	10	0.046	-0.029	-0.016	0.004	-0.015	-0.001	0.004	-0.002
45	5	10	0.024	-0.014	-0.014	0.015	-0.015	0.001	0.005	-0.003
30	5	20	0.209	0.231	0.222	0.237	0.214	0.233	0.226	0.223
45	5	20	0.117	0.198	0.173	0.189	0.160	0.188	0.177	0.172
20	5	40	0.738	0.959	0.836	0.829	0.810	0.918	0.796	0.708
30	5	40	0.557	0.801	0.652	0.522	0.634	0.751	0.591	0.519
40	5	40	0.525	0.760	0.614	0.488	0.593	0.718	0.565	0.479
20	15	3	0.426	0.377	0.353	0.378	0.368	0.362	0.362	0.391
40	15	3	0.117	0.061	0.077	0.086	0.087	0.070	0.083	0.095
20	15	10	0.438	0.462	0.389	0.412	0.414	0.453	0.410	0.419
30	15	10	0.230	0.250	0.197	0.216	0.224	0.254	0.211	0.220
45	15	10	0.087	0.148	0.093	0.111	0.121	0.145	0.108	0.110
20	15	20	0.573	0.630	0.596	0.623	0.590	0.632	0.610	0.592
40	15	20	0.312	0.330	0.300	0.299	0.294	0.330	0.294	0.298
30	15	40	0.761	0.929	0.826	0.792	0.799	0.936	0.793	0.7889
40	15	40	0.762	0.847	0.752	0.730	0.728	0.862	0.717	0.717
45	15	40	0.746	0.849	0.767	0.740	0.745	0.880	0.729	0.735

由表 5.6 可知，7 个代理模型按验证样本预测 RMSE 数值由大到小排序是：单级多项式代理模型>双级多项式样条-多项式代理模型>单级径向基函数网络代理模型>单级混合径向基函数网络代理模型>单级神经网络代理模型>双级多项式样条-径向基函数网络代理模型>双级多项式样条-混合径向基函数网络代理模型。由此可以看出，相较于单级建模方法，双级建模方法构建的代理模型的预测 RMSE 数值更小，其中，双级多项式样条-混合径向基函数网络代理模型的预测 RMSE 数值最小。

表 5.6　代理模型的验证样本拟合均方根误差

代 理 模 型	验证 RMSE
单级多项式代理模型（one-stage polynomial）	0.112
单级径向基函数网络代理模型（one-stage RBF）	0.051
单级混合径向基函数网络代理模型（one-stage hybRBF）	0.050
单级神经网络代理模型（one-stage NNet）	0.043
双级多项式样条-多项式代理模型（two-stage PS22-polynomial）	0.098
双级多项式样条-径向基函数网络代理模型（two-stage PS22-RBF）	0.041
双级多项式样条-混合径向基函数网络代理模型（two-stage PS22-hybRBF）	0.030

单级多项式代理模型、单级径向基函数网络代理模型、单级混合径向基函数网络代理模型、单级神经网络代理模型、双级多项式样条-多项式代理模型、双级多项式样条-径向基函数网络代理模型、双级多项式样条-混合径向基函数网络代理模型的验证样本预测绝对误差分别如图 5.23～图 5.29 所示。从图 5.23～图 5.29 中可以看出，相较于单级建模方法，双级建模方法构建的代理模型验证样本预测偏差值更小且异常值更少，其中双极多项式样条-混合径向基函数网络代理模型的预测质量最佳。

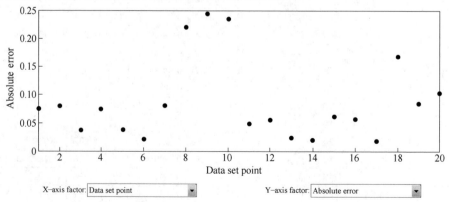

图 5.23　单级多项式代理模型的验证样本预测绝对误差

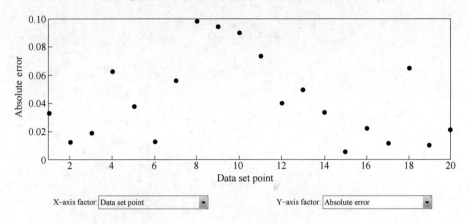

图 5.24 单级径向基函数网络代理模型的验证样本预测绝对误差

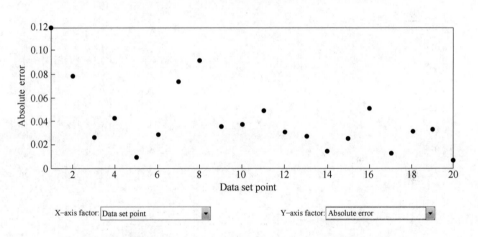

图 5.25 单级混合径向基函数网络代理模型的验证样本预测绝对误差

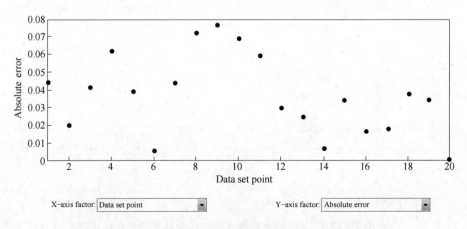

图 5.26 单级神经网络代理模型的验证样本预测绝对误差

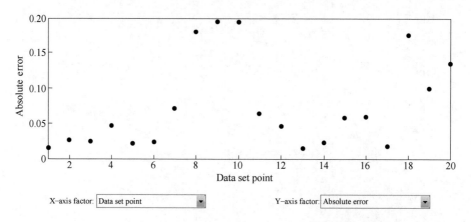

图 5.27　双级多项式样条-多项式代理模型的验证样本预测绝对误差

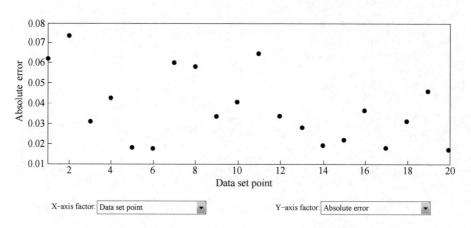

图 5.28　双级多项式样条-径向基函数网络代理模型的验证样本预测绝对误差

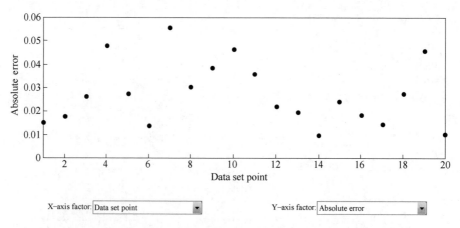

图 5.29　双级多项式样条-混合径向基函数网络代理模型的验证样本预测绝对误差

综合上述验证样本的预测均方根误差（RMSE）和预测绝对误差视图分析可知，相较于单级建模方法，双级建模方法构建的代理模型的验证样本预测精度更高，其中双级多项式样条-混合径向基函数网络代理模型的验证样本预测精度最高。

通过对本节构建的7个代理模型进行上述训练样本拟合精度和验证样本预测精度检测可知，相较于单级建模方法，双级建模方法构建的代理模型具有更高精度，分析其原因如下：其一，双级建模方法更适合具有层次结构的数据，其效率和精度更高，在本书中，磨削表面的三维粗糙度综合指标 S_s 数据具有显著的层次结构，其数据采集是通过分组实验完成的，即在每组实验中固定进给速度和磨削深度数值，在此工况下遍历砂轮线速度的采样点数值；其二，在双级代理模型中局部模型的输入（砂轮线速度 v_s）对响应（S_s）的基本影响规律已经被第4章研究成果揭示，双级建模方法可以根据上述认知采用精度更高的局部模型拟合砂轮线速度 v_s 对三维粗糙度综合指标数 S_s 的影响规律。

基于上述训练样本的拟合精度和验证样本的预测精度检测可知，在本节构建的7个代理模型中，双级多项式样条-混合径向基函数网络代理模型（two-stage PS22-hybRBF）是精度最高的代理模型，将其作为高体积分数SiCp/Al复合材料卧轴圆周磨削表面质量预测和磨削工艺参数优化的预测模型。

5.2.4 磨削工艺参数多目标优化

高体积分数 SiCp/Al 是难加工材料，本节开展磨削工艺参数优化的目的是在不超过用户规定的最高三维粗糙度综合指标 S_s 和最低加工效率的前提下，追求最佳的磨削加工表面质量和最高的加工效率，属于多目标优化问题。

5.2.4.1 磨削工艺参数优化模型的表达式构建

磨削加工表面质量采用三维粗糙度综合指标 S_s 表征，其模型是第5.2.3节构建且优选的双级多项式样条-混合径向基函数网络代理模型（two-stage PS22-hybRBF），S_s 数值越小，则磨削加工表面质量越好。

加工效率以单位时间内去除材料的体积 V 作为衡量指标，其可近似表

示为

$$V(v_f, a_p) = \frac{b}{60}v_f a_p = \frac{2}{3}v_f a_p \quad (5.1)$$

式中，b 为砂轮宽度，本节采用的砂轮宽度为 40mm；a_p 的单位为 μm，V 的单位为 mm^3/s。

在实际的磨削加工中，由于材料特性和设备等技术条件的限制，需要对磨削工艺参数选择设置约束条件，即

$$v_{s\_min} \leqslant v_s \leqslant v_{s\_max} \quad (5.2)$$

$$v_{f\_min} \leqslant v_f \leqslant v_{f\_max} \quad (5.3)$$

$$a_{p\_min} \leqslant a_p \leqslant a_{p\_max} \quad (5.4)$$

通过上述分析，确定磨削工艺参数优化模型表达式如下：

$$\begin{aligned}
& \text{find} \quad v_s, v_f, a_p \\
& \min \quad S_s(v_s, v_f, a_p) \\
& \max \quad V(v_f, a_p) \\
& \text{s.t.} \quad S_s(v_s, v_f, a_p) \leqslant S_{s0} \\
& \quad\quad V(v_f, a_p) \geqslant V_0 \\
& \quad\quad v_{s\_min} \leqslant v_s \leqslant v_{s\_max} \\
& \quad\quad v_{f\_min} \leqslant v_f \leqslant v_{f\_max} \\
& \quad\quad a_{p\_min} \leqslant a_p \leqslant a_{p\_max}
\end{aligned} \quad (5.5)$$

式中，S_{s0} 是规定的最高三维粗糙度综合指标 S_s，V_0 是最低加工效率，其数值由用户根据需要和生产加工工艺流程确定。v_{s_min} 和 v_{s_max} 分别是砂轮线速度 v_s 的下限和上限，v_{f_min} 和 v_{f_max} 分别是进给速度 v_f 的下限和上限，a_{p_min} 和 a_{p_max} 分别是磨削深度 a_p 的下限和上限，这些极限值由磨床工况等具体情况确定。

在本章的优化求解示例中，S_{s0} 和 V_0 分别取值为 0.5 和 0.0065mm^3/s，需要说明，S_{s0} 值是按照表 5.2 所示代理模型训练样本的最大值和最小值进行归一化处理后的数据。根据磨床性能，确定砂轮线速度 v_s 的 v_{s_min} 和 v_{s_max} 分别取值为 20m/s 和 50m/s，进给速度 v_f 的 v_{f_min} 和 v_{f_max} 分别取值为 5mm/min 和 25mm/min，磨削深度 a_p 的 a_{p_min} 和 a_{p_max} 分别取值为 0.5μm 和 40μm。

5.2 高体积分数 SiCp/Al 复合材料磨削表面质量预测及磨削工艺参数优化实施

5.2.4.2 优化求解与结果分析

根据上述构建的磨削工艺参数优化模型表达式，将体积分数为 62.5% 的 SiCp/Al 复合材料卧轴圆周磨削表面的三维粗糙度综合指标 S_s 预测模型（双级多项式样条-混合径向基函数网络代理模型，two-stage PS22-hybRBF）和单位时间内去除材料体积 V 的函数模型导入数据驱动的预测与优化平台的优化求解分析模块，并按照优化模型表达式进行约束条件设置，因为此优化求解问题属于多目标优化，所以选择的算法标准边界交叉法（NBI），优化求解的设置界面如图 5.30 所示。算法 NBI 求解得到的是 Pareto 最优解集。需要说明：在图 5.30~图 5.33 中，SS 代表三维粗糙度综合指标 S_s，V 代表单位时间内去除材料体积 V。

Objectives		
Name	Description	Type
SS	SS(vs, vf, ap)	Minimize
V	V(ap, vf)	Maximize

Constraints		
Name	Description	Application F
Constraint1	SS(vs, vf, ap) <= 0.5	
Constraint2	V(ap, vf) >= 0.0065	
Constraint3	20 <= vs <= 50	
Constraint4	5 <= vf <= 25	
Constraint5	0.5 <= ap <= 40	

Optimization Information	
Algorithm name	mbcOSNBI
Algorithm description	Normal Boundary Intersection Algorithm
Free variables	vs, vf, ap
Operating point variables	None
Item scaling	off
Distributed runs	off

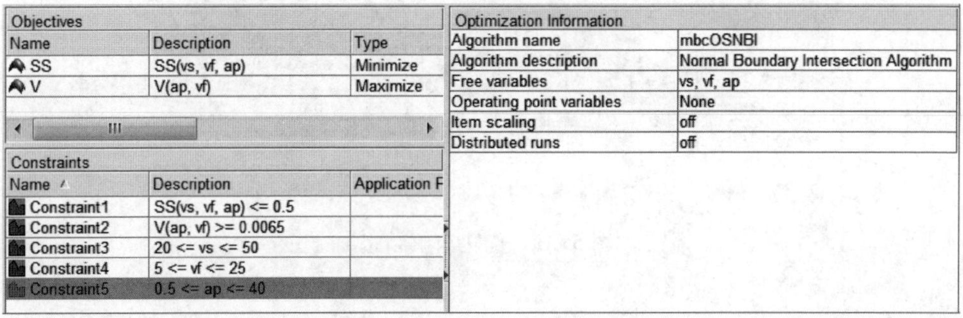

图 5.30 优化目标和约束函数设置界面

经过求解计算，优化求解模块获得包含 10 个最佳折中解的 Pareto 最优解集，如图 5.31 所示，Pareto 最优解集的优势和实际应用价值在于用户可以根据具体情况和不同需求对同一优化问题进行差异化的最优解选择。对于磨削或其他切削加工，相对最优的切削参数组合需要根据不同工况和工艺流程需求进行适当调整，所以 Pareto 最优解集是机加工艺参数多目标优化的最佳求解方式。

为了便于观测分析 Pareto 最优解集，帮助用户选取特定需求的最佳解，数据驱动的预测与优化平台的优化求解分析模块提供最优解集的 Pareto 图和响应面视图（surface viewer）。如图 5.32 所示，最优解集的 Pareto 图呈现多目标函数冲突关系，便于权衡各目标，进而开展最优解的合理选择。如图 5.33 所示，最优解集的响应面视图是每个解的输入参数与优化目标的 3D 响应曲面，便于观测最优解的选取对优化目标数值和输入参数（磨削工艺参数）

Solution	Acc...	vs	vf	ap	SS	V
1		43.75	9.809	0.994	0.018	6.5e-3
2		44.294	20.831	22.355	0.5	0.31
3		44.392	20.438	20.66	0.439	0.281
4		44.297	19.695	19.168	0.379	0.252
5		44.152	18.542	17.893	0.32	0.221
6		44.047	16.888	16.954	0.261	0.191
7		43.827	14.95	16.226	0.2	0.162
8		42.99	13.08	15.308	0.138	0.133
9		42.977	11.939	12.679	0.083	0.101
10		44.071	11.171	7.799	0.043	0.058

图 5.31 优化求解结果

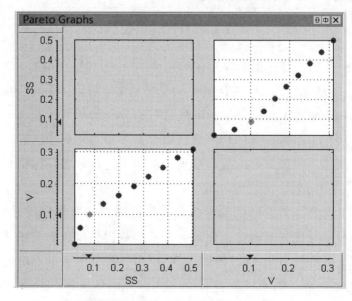

图 5.32 优化求解结果的 Pareto 图

图 5.32 彩图

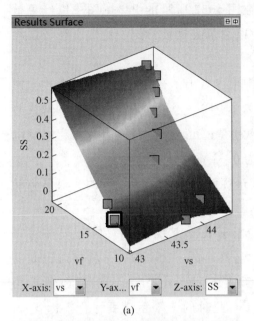
(a)

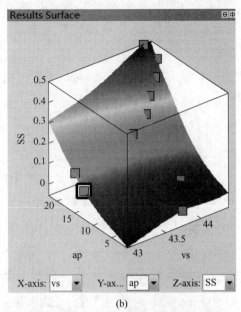
(b)

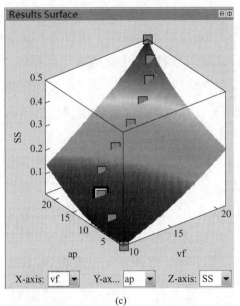
(c)

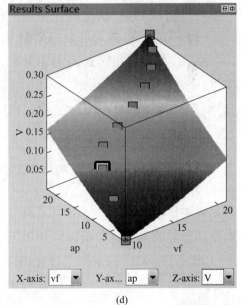
(d)

图 5.33 优化求解结果的响应面视图

(a) v_s-v_f-S_s; (b) v_s-a_p-S_s;
(c) v_f-a_p-S_s; (d) v_f-a_p-V

图 5.33 彩图

的影响。需要说明：在优化求解分析模块，当用户在图5.31所示的优化求解结果列表中点击某一个解时，该解在图5.32所示的Pareto图中以红色被标记，在图5.33所示的响应面视图中以黑色方框被标记，这样有利于观测分析。

从图5.31所示的Pareto最优解集中可以看出，在约束条件下，三维表面粗糙度综合指标S_s的最优解分布区间为0.018～0.5，加工效率V的最优解分布区间为0.0065～0.31 mm³/s，也就是说可以获得的最小三维粗糙度综合指标S_s为0.018，最大加工效率V为0.31 mm³/s。

接下来，对基于Pareto最优解集的最优解选取进行举例说明，根据不同的需求进行差异化的最优解选取。

（1）优选足够小的三维粗糙度综合指标S_s。从图5.31～图5.33中可以看出，解1的三维粗糙度综合指标S_s是最小的，为0.018，所以对于此需求，选择解1作为最优解，即砂轮线速度v_s为43.75m/s，进给速度v_f为9.809mm/min，磨削深度a_p为0.994μm，此时的三维粗糙度综合指标S_s为0.018，加工效率V为0.0065mm³/s。

（2）优选尽可能大的加工效率V。从图5.31～图5.33中可以看出，解2的加工效率V是相对最高的，为0.31mm³/s，所以对于此需求，选择解2作为最优解，即砂轮线速度v_s为44.295m/s，进给速度v_f为20.831mm/min，磨削深度a_p为22.355μm，此时的三维粗糙度综合指标S_s为0.5，加工效率V为0.31mm³/s。

（3）兼顾三维粗糙度综合指标S_s和加工效率V。考虑到高体积分数SiCp/Al复合材料是难加工材料，加工表面质量较差，实现磨削加工质量提升是重要目标，从图5.31～图5.33中可以看出，解9可以获得较好的加工质量和加工效率增益。所以对于此需求，可以选择解9作为最优解，即砂轮线速度v_s为42.977m/s，进给速度v_f为11.939mm/min，磨削深度a_p为12.679μm，此时的三维粗糙度综合指标S_s为0.083，加工效率V为0.101 mm³/s。

需要说明，上述的最优解选取只是示例，用户可以通过设置多目标优化问题的约束——最高三维粗糙度综合指标S_{s0}和最低加工效率V_0，以求解出满足特定需要的Pareto最优解集，再根据具体需求从Pareto最优解集中选取合适的最优解。

基于翁剑等[245]的阐述，多目标优化求解的有效性可以通过 Pareto 最优解集的增益进行验证。从增益方面考虑，取表 5.5 所示的代理模型验证样本的数据平均值作为参照，将 Pareto 最优解集中所有解的三维粗糙度综合指标 S_s 和加工效率 V 相对于参照标准的增益绘制成曲线，如图 5.34 所示。需要说明，对于三维粗糙度综合指标 S_s，其数值减小为正增益。

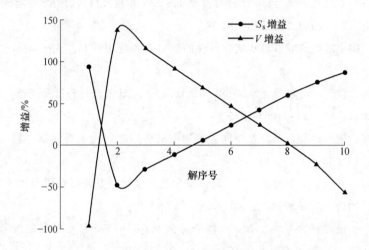

图 5.34 Pareto 最优解集增益

从图 5.34 中可以看出，在 Pareto 最优解集中，如果仅考虑三维粗糙度综合指标 S_s，其最大增益可达到 94.696%，即三维粗糙度综合指标 S_s 相对参照降低 94.696%，如果仅考虑加工效率 V，其最大增益可以达到 137.592%。需要注意的是，图 5.34 中存在三维粗糙度综合指标 S_s 和加工效率 V 的增益都大于 0 的解，该区域的存在表明基于数据驱动的磨削表面质量预测与磨削工艺参数优化可以得到多目标都优于参照的解，验证了该方法的有效性。

参 考 文 献

[1] 韩桂泉, 胡喜兰, 李京伟. 无压浸渗制备结构/功能一体化铝基复合材料的性能及应用 [J]. 航空制造技术, 2006 (1): 95-97.

[2] 曾靖, 彭超群, 王日初, 等. 电子封装用金属基复合材料的研究进展 [J]. 中国有色金属学报, 2015, 25 (12): 3255-3270.

[3] 吴米贵, 刘君武, 蒋会宾. 无压浸渗制备 SiCp/Al 复合材料的力学性能研究 [J]. 粉末冶金工业, 2014, 24 (2): 24-28.

[4] 崔岩. 碳化硅颗粒增强铝基复合材料的航空航天应用 [J]. 材料工程, 2002 (6): 3-6.

[5] 程思扬, 曹琪, 包建勋, 等. 中高体积分数 SiCp/Al 复合材料研究进展 [J]. 中国光学, 2019, 12 (5): 1064-1075.

[6] 章令晖, 陈萍. 复合材料在空间遥感器中的应用进展及关键问题 [J]. 航空学报, 2015, 36 (5): 1385-1400.

[7] 崔葵馨, 常兴华, 李希鹏, 等. 高体积分数铝碳化硅复合材料研究进展 [J]. 材料导报, 2012, 26 (增刊2): 401-405.

[8] 刘冀念, 董蓉桦, 刘炎, 等. 高体积分数 SiCp/7075Al 复合材料的时效析出行为 [J]. 材料科学与工程学报, 2016, 34 (3): 357-361.

[9] MOHN W R, VUKOBRATOVICH D. Recent applications of metal matrix composites in precision instruments and optical systems [J]. Journal of Materials Engineering, 1988, 10 (3): 225-235.

[10] 高明辉, 张军, 李景林, 等. 高体份 SiC/Al 反射镜在空间光学应用可行性的分析 [J]. 红外与激光工程, 2012, 41 (7): 1803-1807.

[11] 崔岩, 李丽富, 李景林, 等. 制备空间光机结构件的高体份 SiC/Al 复合材料 [J]. 光学精密工程, 2007, 5 (8): 1175-1180.

[12] 佚名. 航天领域应用实例——碳化硅增强铝基复合材料 [EB/OL]. http://www.ecorr.org/news/science/2017-02-15/164640.html.

[13] 佚名. 高温微电子封装 [EB/OL]. http://www.megasun-tech.com/news/86.html.

[14] 武高辉, 姜龙涛, 陈国钦, 等. 仪表级复合材料在惯性仪表中的应用进展 [J]. 导航定位与授时, 2014, 1 (1): 63-68.

[15] KAUSHIK Y, SUMANKANT, JAWALKAR C S, et al. Fabrication of aluminium metal matrix composites with particulate reinforcement: A review [J]. Materials Today: Proceedings, 2017, 4 (2): 2927-2936.

[16] 聂俊辉, 樊建中, 魏少华, 等. 航空用粉末冶金颗粒增强铝基复合材料研制及应用[J]. 航空制造技术, 2017 (16): 26-36.

[17] BUSHLYA V, LENRICK F, GUTNICHENKO O, et al. Performance and wear mechanisms of novel superhard diamond and boron nitride based tools in machining Al-SiCp metal composite [J]. Wear, 2017, 376/377: 152-164.

[18] BRAIN P S, SIDHU S S, PAYAL H. Fabrication and machining of metal matrix composites: A review [J]. Materials and Manufacturing Processes, 2016, 31 (5): 553-573.

[19] CHAMBERS A R. The machinability of light alloy MMCs [J]. Composites Part A: Applied Science and Manufacturing, 1996, 27 (2): 143-147.

[20] CHEN J, LIU G, HE G. A review on conventional and nonconventional machining of SiC particle-reinforced aluminium matrix composites [J]. Advances in Manufacturing, 2020, 8 (17): 1-37.

[21] LI J, RASHIDA L. A review on machining and optimization of particle-reinforced metal matrix composites [J]. The International Journal of Advanced Manufacturing Technology, 2019, 100 (9/10/11/12): 2929-2943.

[22] 于晓琳. 高体积分数 SiCp/Al 复合材料精密磨削机理及表面评价研究 [D]. 沈阳: 沈阳工业大学, 2012.

[23] 梁桂强. 高体积分数 SiCpAl 超声辅助磨削加工工艺特性研究 [D]. 长春: 吉林大学, 2016.

[24] ZHU C, PENG G, WU Y. Grinding temperature prediction model of high-volume fraction SiCp/Al composite [J]. The International Journal of Advanced Manufacturing Technology, 2020, 111 (5/6): 1201-1220.

[25] DONG Z, ZHENG F, ZHU X. Characterization of material removal in ultrasonically assisted grinding of SiCp/Al with high volume fraction [J]. The International Journal of Advanced Manufacturing Technology, 2017, 93 (5/6/7/8): 2827-2839.

[26] LI X, BAI F, FU Y. The small hole helical mill-grinding process and application in high volume fraction SiCp/Al MMCs [J]. The International Journal of Advanced Manufacturing Technology, 2017, 91 (9/10/11/12): 3007-3014.

[27] MUTHUKRISHNAN N, MURUGAN M, RAO K. An investigation on the machinability of Al-SiC metal matrix composites using PCD inserts [J]. The International Journal of Advanced Manufacturing Technology, 2008, 38 (5/6): 447-454.

[28] DAS S, BEHERA R, MAJUMDAR G, et al. An experimental investigation on the machinability

of powder formed silicon carbide particle reinforced aluminum metal matrix composites [J]. International Journal of Heat and Mass Transfer, 2007, 50 (25/26): 5054-5064.

[29] DABADE U A, JOSHI S S, BALASUBRAMANIAM R, et al. Surface finish and integrity of machined surfaces on Al/SiCp composites [J]. Journal of Materials Processing Technology, 2007, 192/193: 166-174.

[30] CIFTCI I, TURKER M, SEKER U. CBN cutting tool wear during machining of particulate reinforced MMCs [J]. Wear, 2004, 257 (9/10): 1041-1046.

[31] GE Y, XU J, YANG H. Diamond tools wear and their applicability when ultra-precision turning of SiCp/2009Al matrix composite [J]. Wear, 2010, 269 (11/12): 699-708.

[32] CHOU Y, LIU J. CVD diamond tool performance in metal matrix composite machining [J]. Surface and Coating Technology, 2005, 200 (5/6): 1872-1878.

[33] KARAKO H, KARABULUT S. Investigation of surface roughness in the milling of Al7075 and open-cell SiC foam composite and optimization of machining parameters [J]. Neural Computing and Applications, 2017, 28 (5): 313-327.

[34] ANDREWES C J E, FENG H, LAU W M. Machining of an aluminum/SiC composite using diamond inserts [J]. Journal of Materials Processing Technology, 2000, 102 (1): 25-29.

[35] XIANG J, XIE L, GAO F, et al. Diamond tools wear in drilling of SiCp/Al matrix composites containing Copper [J]. Ceramics International, 2017, 44 (5): 5341-5351.

[36] YOUSEFI R, KOUCHAKZADEH M A, RAHIMINASAB J, et al. The influence of SiC particles on tool wear in machining of Al/SiC metal matrix composites produced by powder extrusion [J]. Advanced Materials Research, 2011, 325: 393-399.

[37] MANNA A, BHATTACHARAYYA B. Influence of machining parameters on the machinability of particulate reinforced Al/SiC-MMC [J]. The International Journal of Advanced Manufacturing Technology, 2005, 25 (9/10): 850-856.

[38] HOOPER R M, HENSHALL J L, KLOPFER A. The wear of polycrystalline diamond tools used in the cutting of metal matrix composites [J]. International Journal of Refractory Metals and Hard Materials, 1999, 17 (13): 103-109.

[39] MALLI N A, AADITYA V, RAGHAVAN R. Study and analysis of PCD 1500 and 1600 grade inserts on turning Al6061 alloy with 15% reinforcement of SiC particles on MMC [J]. International Proceedings of Computer Science and Information Technology, 2012, 31: 143-148.

[40] KLKAP E, AKR O, AKSOY M, et al. Study of tool wear and surface roughness in

machining of homogenised SiC-p reinforced aluminium metal matrix composite [J]. Journal of Materials Processing Technology, 2005, 164/165 (10): 862-867.

[41] KREMER A, DEVILLEZ A, DOMINIAK S, et al. Machinability of Al/SiC particulate metal-matrix composites under dry conditions with CVD diamond-coated carbide tools [J]. Machining Science and Technology, 2008, 12 (2): 214-233.

[42] MANNA A, BHATTACHARAYYA B. A study on machinability of Al/SiC-MMC [J]. Journal of Materials Processing Technology, 2003, 140 (1/2/3): 711-716.

[43] PRAMANIK A, ZHANG L, ARSECULARATNE J A. Prediction of cutting forces in machining of metal matrix composites [J]. International Journal of Machine Tools and Manufacture, 2006, 46 (14): 1795-1803.

[44] GE Y, XU J, FU Y. Surface generation and chip formation when ultra-precision turning of SiCp/Al composites [J]. Advanced Materials Research, 2010, 135: 282-287.

[45] ANTNIO C A C, DAVIM J P. Optimal cutting conditions in turning of particulate metal matrix composites based on experiment and a genetic search model [J]. Composites, Part A: Applied Science and Manufacturing, 2002, 33 (2): 213-219.

[46] WANG J, ZUO J, SHANG Z, et al. Modeling of cutting force prediction in machining high-volume SiCp/Al composites [J]. Applied Mathematical Modelling, 2019, 70: 1-17.

[47] KRISHNAMURTHY L, SRIDHARA B K, BUDAN D A. Comparative study on the machinability aspects of aluminium-silicon carbide and aluminium-graphite-silicon carbide hybrid composites [J]. International Journal of Machining and Machinability of Materials, 2011, 10 (7/8): 137-152.

[48] DABADE U A, DAPKEKAR D, JOSHI S S. Modeling of chip-tool interface friction to predict cutting forces in machining of Al/SiCp composites [J]. International Journal of Machine Tools and Manufacture, 2009, 49 (9): 690-700.

[49] RAMASUBRAMANIAN K, ARUNACHALAM N, RAMACHANDRA R M S. Wear performance of nano-engineered boron doped graded layer CVD diamond coated cutting tool for machining of Al-SiC MMC [J]. Wear, 2018, 426/427: 1536-1547.

[50] EL-GALLAB M, SKLAD M. Machining of Al/SiC particulate metal matrix composites: Part II: Workpiece surface integrity [J]. Journal of Materials Processing Technology, 1998, 83 (1/2/3): 277-285.

[51] LIU H, WANG S, ZONG W. Tool rake angle selection in micro-machining of 45 vol. % SiCp/2024Al based on its brittle-plastic properties [J]. Journal of Manufacturing

Processes, 2019, 37: 556-562.

[52] LIN J, BHATTACHARYYA D, FERGUSON W. Chip formation in the machining of SiC-particle-reinforced aluminium-matrix composites [J]. Composites Science and Technology, 1998, 58 (2): 285-291.

[53] HUNG N P, YEO S H, LEE K K. Chip formation in machining particle-reinforced metal matrix composites [J]. Advanced Manufacturing Processes, 1998, 13 (1): 85-100.

[54] DABADE U A, JOSHI S S. Analysis of chip formation mechanism in machining of Al/SiCp metal matrix composites [J]. Journal of Materials Processing Technology, 2009, 209 (10): 4704-4710.

[55] GE Y, XU J, YANG H, et al. Workpiece surface quality when ultra-precision turning of SiCp/Al composites [J]. Journal of Materials Processing Technology, 2008, 203 (1/2/3): 166-175.

[56] DING X, LIEW W Y H, LIU X. Evaluation of machining performance of MMC with PCBN and PCD tools [J]. Wear, 2005, 259 (7): 1225-1234.

[57] SHARMA S. Optimization of machining process parameters for surface roughness of Al-composites [J]. Journal of the Institution of Engineers (India) Series C, 2013, 94 (4): 327-333.

[58] DAVIM J P. Design of optimisation of cutting parameters for turning metal matrix composites based on the orthogonal arrays [J]. Journal of Materials Processing Technology, 2003, 132 (1/2/3): 340-344.

[59] PALANIKUMAR K, KARUNAMOORTHY L, KARTHIKEYAN R. Assessment of factors influencing surface roughness on the machining of glass fiber-reinforced polymer composites [J]. Materials and Design, 2006, 27 (10): 862-871.

[60] MUTHUKRISHNAN N, DAVIM J P. Optimization of machining parameters of Al/SiC-MMC with ANOVA and ANN analysis [J]. Journal of Materials Processing Technology, 2009, 209 (1): 225-232.

[61] AURICH J C, ZIMMERMANN M, SCHINDLER S, et al. Effect of the cutting condition and the reinforcement phase on the thermal load of the workpiece when dry turning aluminum metal matrix composites [J]. The International Journal of Advanced Manufacturing Technology, 2016, 82 (5/6/7/8): 1317-1334.

[62] MUTHUKRISHNAN N, MURUGAN M, RAO K P. Machinability issues in turning of Al-SiC (10p) metal matrix composites [J]. The International Journal of Advanced Manufacturing Technology, 2008, 39 (3/4): 211-218.

[63] GE Y, XU J, YANG H, et al. Machining induced defects and the influence factors when diamond turning of SiCp/Al composites [J]. Applied Mechanics and Materials, 2008, 10/11/12: 626-630.

[64] WANG Y, LIAO W, YANG K, et al. Investigation on cutting mechanism of SiCp/Al composites in precision turning [J]. The International Journal of Advanced Manufacturing technology, 2018, 100 (1/2/3/4): 963-972.

[65] GNAY M, EKER U. Evaluation of surface integrity during machining with different tool grades of SiCp/Al-Si composites produced by powder metallurgy [J]. Materials Science Forum, 2011, 672: 319-322.

[66] VARADARAJAN Y S, VIJAYARAGHAVAN L, KRISHNAMURTHY R, et al. Performance enhancement through microwave irradiation of K20 carbide tool machining Al/SiC metal matrix composite [J]. Journal of Materials Processing Technology, 2006, 173 (2): 185-193.

[67] MUGUTHU J N, GAO D. Profile fractal dimension and dimensional accuracy analysis in machining metal matrix composites (MMCs) [J]. Materials and Manufacturing Processes, 2013, 28 (10): 1102-1109.

[68] BUSHLYA V, LENRICK F, GUTNICHENKO O, et al. Performance and wear mechanisms of novel superhard diamond and boron nitride based tools in machining Al-SiCp metal matrix composite [J]. Wear, 2017, 376/377: 152-164.

[69] WU Q, XU W, ZHANG L. Machining of particulate-reinforced metal matrix composites: An investigation into the chip formation and subsurface damage [J]. Journal of Materials Processing Technology, 2019, 274: 116315.

[70] BIAN R, HE N, LI L, et al. Precision milling of high volume fraction SiCp/Al composites with monocrystalline diamond end mill [J]. The International Journal of Advanced Manufacturing Technology, 2014, 71 (1/2/3/4): 411-419.

[71] SHEN B, SUN F, ZHANG D. Comparative studies on the cutting performance of HFCVD diamond and DLC coated WC-Co milling tools in dry machining Al/SiC-MMC [J]. Advanced Materials Research, 2010, 126/127/128: 220-225.

[72] HUANG S, ZHOU L, YU X, et al. Experimental study of high-speed milling of SiCp/Al composites with PCD tools [J]. The International Journal of Advanced Manufacturing Technology, 2012, 62 (5/6/7/8): 487-493.

[73] HUANG S, GUO L, HE H, et al. Study on characteristics of SiCp/Al composites during high-speed milling with different particle size of PCD tools [J]. The International Journal of

Advanced Manufacturing Technology, 2017, 95(5/6/7/8): 2269-2279.

[74] WANG Y, PAN M, CHEN T, et al. Performance of cutting tools in high speed milling of SiCp/Al composites [J]. Advanced Materials Research, 2012, 591/592/593: 311-314.

[75] HUANG S, ZHOU L. Evaluation of tool wear when milling SiCp/Al composites [J]. Key Engineering Materials, 2011, 455: 226-231.

[76] DENG B, WANG H, PENG F, et al. Experimental and theoretical investigations on tool wear and surface quality in micro milling of SiCp/Al composites under dry and MQL conditions [J]. Proceedings of the ASME International Mechanical Engineering Congress and Exposition, 2018, 2: V002T02A001.

[77] GE Y, FU Y, XU J. Machinability of SiC particle reinforced 2009Al matrix composites when high-speed milling with PCD tools [J]. International Journal of Machining and Machinability of Materials, 2015, 17 (2): 108-129.

[78] KARTHIKEYAN R, RAGHUKANDAN K, NAAGARAZAN R S, et al. Optimizing the milling characteristics of Al-SiC particulate composites [J]. Metals and Materials, 2000, 6 (6): 539-547.

[79] EKICI E, SAMTA G, GÜLESIN M. Experimental and statistical investigation of the machinability of Al-10% SiC MMC produced by hot pressing method [J]. Arabian Journal for Science and Engineering, 2014, 39 (4): 3289-3298.

[80] JAYAKUMAR K, MATHEW J, JOSEPH M A, et al. Processing and end milling behavioural study of A356-SiCp composite [J]. Materials Science Forum, 2012, 710: 338-343.

[81] JAYAKUMAR K, MATHEW J, JOSEPH M A. An investigation of cutting force and tool-work interface temperature in milling of Al-SiCp metal matrix composite [J]. Proceedings of the Institution of Mechanical Engineers, Part B: Journal of Engineering Manufacture, 2013, 227 (3): 362-374.

[82] VALLAVI M S A, GANDHI N M D, VELMURUGAN C. Application of genetic algorithm in optimisation of cutting force of Al/SiCp metal matrix composite in end milling process [J]. International Journal of Materials and Product Technology, 2018, 56 (3): 234-252.

[83] HUANG S, YU X, ZHOU L. Experimental study and modeling of milling force during high-speed milling of SiCp/Al composites using regression analysis [J]. Advanced Materials Research, 2011, 188: 3-8.

[84] GE Y, XU J, FU Y. Cutting forces when high-speed milling of SiCp/Al composites [J]. Advanced Materials Research, 2011, 308/309/310: 871-876.

[85] BABU B G, SELLADURAI V, SHANMUGAM R. Analytical modeling of cutting forces of end milling operation on aluminum silicon carbide particulate metal matrix composite material using response surface methodology [J]. Journal of Engineering and Applied Sciences, 2008, 3 (2): 195-196.

[86] CHEN X, XIE L, XUE X, et al. Research on 3D milling simulation of SiCp/Al composite based on a phenomenological model [J]. The International Journal of Advanced Manufacturing Technology, 2017, 92 (5/6/7/8): 2715-2723.

[87] HUANG S, GUO L, YANG H, et al. Study on characteristics in high-speed milling SiCp/Al composites with small particles and high volume fraction by adopting PCD cutters with different grain sizes [J]. The International Journal of Advanced Manufacturing Technology, 2019, 102 (9/10/11/12): 3563-3571.

[88] ZHA H, FENG P, ZHANG J, et al. Material removal mechanism in rotary ultrasonic machining of high-volume fraction SiCp/Al composites [J]. The International Journal of Advanced Manufacturing Technology, 2018, 97 (5/6/7/8): 2099-2109.

[89] QIN S, CAI X, ZHANG Y, et al. Experimental studies on machinability of 14 wt.% of SiC particle reinforced aluminium alloy composites [J]. Material Science Forum, 2012, 723: 94-98.

[90] ZHU C, GU P, LIU D, et al. Evaluation of surface topography of SiCp/Al composite in grinding [J]. The International Journal of Advanced Manufacturing Technology, 2019, 102 (9/10/11/12): 9-12.

[91] REDDY N S K, KWANG-SUP S, YANG M. Experimental study of surface integrity during end milling of Al/SiC particulate metal-matrix composites [J]. Journal of Materials Processing Technology, 2008, 201 (1/2/3): 574-579.

[92] ZHANG G, TAN Y, ZHANG B, et al. Effect of SiC particles on the machining of aluminum/SiC composite [J]. Materials Science Forum, 2009, 626/627: 219-224.

[93] LIU J, KAI C, HUI D, et al. Realization of ductile regime machining in micro-milling SiCp/Al composites and selection of cutting parameters [J]. Proceedings of the Institution of Mechanical Engineers, Part C: Journal of Mechanical Engineering Science, 2019, 233 (12): 4336-4347.

[94] HUANG S, GUO L, HE H, et al. Experimental study on SiCp/Al composites with different volume fractions in high-speed milling with PCD tools [J]. The International

Journal of Advanced Manufacturing Technology, 2018, 97 (5/6/7/8): 2731-2739.

[95] CHANDRASEKARAN M. Development of predictive model for surface roughness in end milling of Al-SiCp metal matrix composites using fuzzy logic [J]. World Academy of Science, Engineering and Technology, 2012, 6 (7): 928-933.

[96] REDDY K S, VIJAYARAGHAVAN L. Machining studies on milling of Al/SiCp composite [J]. International Journal of Machining and Machinability of Materials, 2011, 9 (1/2): 116-130.

[97] WANG T, XIE L, WANG X, et al. 2D and 3D milled surface roughness of high volume fraction SiCp/Al composites [J]. Defence Technology, 2015, 11 (2): 104-109.

[98] GHOREISHI R, ROOHI A H. Analysis of the influence of cutting parameters on surface roughness and cutting forces in high speed face milling of Al/SiC MMC [J]. Materials Research Express, 2018, 5 (8): 086521.

[99] ZHOU L, HUANG S, YU L. Experimental study of grinding characteristics on SiCp/Al composites [J]. Key Engineering Materials, 2011, 487: 135-139.

[100] CHANDRASEKARAN H, JOHANSSON J O. Influence of processing conditions and reinforcement on the surface quality of finish machined aluminiumalloy matrix composites [J]. CIRP Annals-Manufacturing Technology, 1997, 46 (1): 493-496.

[101] PAI D, RAO S, SHETTY R. Application of statistical tool for optimization of specific cutting energy and surface roughness on surface grinding of AlSiC35p composites [J]. International Journal of Science and Statistical Computing, 2011, 2 (1): 16-32.

[102] HUANG S, YU X, WANG F, et al. A study on chip shape and chip-forming mechanism in grinding of high volume fraction SiC particle reinforced Al-matrix composites [J]. The International Journal of Advanced Manufacturing Technology, 2015, 80 (9/10/11/12): 1927-1932.

[103] ILIO A D, PAOLETTI A. A comparison between conventional abrasives and superabrasives in grinding of SiC-aluminium composites [J]. International Journal of Machine Tools and Manufacture, 2000, 40 (2): 173-184.

[104] 关佳亮, 张龙月, 刘书君. 不同体积分数 SiCp/Al 复合材料精密磨削试验研究 [J]. 工具技术, 2019, 53 (7): 23-26.

[105] ZHANG G, ZHANG B, DENG Z. Mechanisms of Al/SiC composite machining with diamond whiskers [J]. Key Engineering Materials, 2009, 404: 165-175.

[106] XU L, ZHOU L, YU X, et al. An experimental study on grinding of SiC/Al composites [J]. Advanced Materials Research, 2011, 188: 90-93.

[107] HUNG N P, ZHONG Z W, ZHONG C H. Grinding of metal matrix composites reinforced with silicon-carbide particles [J]. Materials and Manufacturing Processes, 1997, 12 (6): 1075-1091.

[108] ZHONG Z. Grinding of aluminium-based metal matrix composites reinforced with Al_2O_3 or SiC particles [J]. The International Journal of Advanced Manufacturing Technology, 2003, 21 (2): 79-83.

[109] ILIO A D, PAOLETTI A, TAGLIAFERRI V, et al. An experimental study on grinding of silicon carbide reinforced aluminiumalloys [J]. International Journal of Machine Tools and Manufacture, 1996, 6 (6): 673-685.

[110] KUMAR K R, VETTIVEL S. Effect of parameters on grinding forces and energy while grinding Al (A356)/SiC composites [J]. Tribology-Materials Surfaces and Interfaces, 2014, 8 (4): 235-240.

[111] ZHOU L, HUANG S, YU X. Machining characteristics in cryogenic grinding of SiCp/Al composites [J]. Acta Metallurgica Sinica, 2014, 27 (5): 869-874.

[112] THIAGARAJAN D C, SOMASUNDARAM D S, SHANKAR D P. Effect of grinding temperature during grinding on surface finish of Al/SiC metal matrix composites [J]. International Journal of Engineering Science, 2013, 2 (12): 58-66.

[113] SUN F, LI X, WANG Y, et al. Studies on the grinding characteristics of SiC particle reinforced aluminum-based MMCs [J]. Key Engineering Materials, 2006, 304/305: 261-265.

[114] ZHOU L, HUANG S T, ZHANG C Y. Numerical and experimental studies on the temperature field in precision grinding of SiCp/Al composites [J]. The International Journal of Advanced Manufacturing Technology, 2013, 67 (5/6/7/8): 1007-1014.

[115] YAO Y, LI D, YUAN Z. A mill-grinding machining for particle reinforced aluminum matrix composites [C] // Proceedings of the Seventh International Conference on Process of Machining Technology. Beijing: Aviation Industry Press, 2004.

[116] 都金光. SiC 颗粒增强铝基复合材料铣磨加工及其关键技术研究 [D]. 哈尔滨: 哈尔滨工业大学, 2014.

[117] 郑伟. SiCp/Al 复合材料超声振动磨削材料去除及表面质量研究 [D]. 哈尔滨: 哈尔滨工业大学, 2017.

[118] 李大博. SiCp 增强铝基复合材料窄槽的铣磨试验研究 [D]. 哈尔滨: 哈尔滨工业大学, 2011.

[119] 周力. SiCp/Al 复合材料超声振动磨削材料去除与加工表面质量研究 [D]. 哈尔

滨：哈尔滨工业大学，2016.

[120] YAO Y X, DU J G, LI J G, et al. Surface quality analysis in mill-grinding of SiCp/Al [J]. Advanced Materials Research, 2011, 299/300: 1060-1063.

[121] LI J G, DU J G, YAO Y X, et al. Study of machinability in mill-grinding of SiCp/Al composites [J]. Journal Wuhan University of Technology, Materials Science Edition, 2014, 29 (6): 1104-1110.

[122] LI J G, DU J G, YAO Y X. A comparison of dry and wet machining of SiC particle-reinforced aluminum metal matrix composites [J]. Advanced Materials Research, 2012, 500: 168-173.

[123] LI J G, DU J G, ZHAO H. Experimental study on the surface roughness with mill-grinding SiC particle reinforced aluminum matrix composites [J]. Advanced Materials Research, 2011, 188: 203-207.

[124] DU J G, LI J G, YAO Y X, et al. Prediction of cutting forces in mill-grinding SiCp/Al composites [J]. Materials and manufacturing processes, 2014, 29 (3): 314-320.

[125] DU J C, ZHOU L, LI J C, et al. Analysis of chip formation mechanism in mill-grinding of SiCp/Al composites [J]. Advanced Manufacturing Processes, 2014, 29 (11/12): 1353-1360.

[126] KATHIRESAN M, SORNAKUMAR T. EDM studies on aluminum alloy-silicon carbide composites developed by vortex technique and pressure die casting [J]. Journal of Minerals and Materials Characterization and Engineering, 2010, 9 (1): 79-88.

[127] KARTHIKEYAN R, RAJU S, PAI B C. Optimization of electrical discharge machining characteristics of SiCp/LM25 Al composites using goal programming [J]. Journal of Materials Science and Technology, 2001, 17 (S1): S57-S60.

[128] DEV A, PATEL K M, PANDEY P M, et al. Machining characteristics and optimisation of process parameters in micro-EDM of SiCp/Al composites [J]. International Journal of Manufacturing Research, 2009, 4 (4): 458-480.

[129] SINGH B, KUMAR J, KUMAR S. Investigating the influence of process parameters of ZNC EDM on machinability of A6061/10% SiC composite [J]. Advances in Materials Science and Engineering, 2013, 2013: 173427.

[130] SEO Y W, KIM D, RAMULU M. Electrical discharge machining of functionally graded 15 Vol% ~ 35 Vol% SiCp/Al composites [J]. Materials and Manufacturing Processes, 2006, 21 (5): 479-487.

[131] DHAR S, PUROHIT R, SAINI N, et al. Mathematical modeling of electric discharge

machining of cast Al-4Cu-6Si alloy-10 wt. % SiCp composites [J]. Journal of Materials Processing Technology, 2007, 194 (1/2/3): 24-29.

[132] RAMULU M, PAUL G, PATEL J. EDM surface effects on the fatigue strength of a 15 vol% SiCp/Al metal matrix composite material [J]. Composite Structures, 2001, 54 (1): 79-86.

[133] Dvivedi A, Kumar P, Singh I. Effect of EDM process parameters on surface quality of Al 6063 SiCp metal matrix composite [J]. International Journal of Materials and Product Technology, 2010, 39 (3/4): 357-377.

[134] SINGH N K, PRASAD R, JOHARI D. Electrical discharge drilling of Al-SiC composite using air assisted rotary tubular electrode [J]. Materials Today: Proceedings, 2018, 5 (11): 23769-23778.

[135] VISHWAKARMA U K, DVIVEDI A, KUMAR P. Finite element modeling of material removal rate in powder mixed electric discharge machining of Al-SiC metal matrix composites [M] // Materials Processing Fundamentals. Berlin: Springer, 2013: 151-158.

[136] KANSAL H K, SINGH S, KUMAR P. An experimental study of the machining parameters in powder mixed electric discharge machining of Al-10% SiCp metal matrix composites [J]. International Journal of Machining and Machinability of Materials, 2006, 1 (4): 396-411.

[137] SINGH B, KUMAR J, KUMAR S, et al. Influences of process parameters on MRR improvement in simple and powder-mixed EDM of AA6061/10% SiC composite [J]. Materials and Manufacturing Processes, 2014, 30 (3): 303-312.

[138] SINGH B, KUMAR J, KUMAR S. Investigation of the tool wear rate in tungsten powder-mixed electric discharge machining of AA6061/10% SiCp composite [J]. Materials and Manufacturing Processes, 2016, 31 (4): 456-466.

[139] SINGH B, KUMAR J, KUMAR S. Experimental investigation on surface characteristics in powder-mixed electrodischarge machining of AA6061/10% SiC composite [J]. Materials and Manufacturing Processes, 2016, 29 (3): 287-297.

[140] YANG W, CHEN G, WU P, et al. Electrical discharge machining of Al2024-65 vol% SiC composites [J]. Acta Metallurgica Sinica, 2017 (30): 447-455.

[141] ROZENEK M, KOZAK J, DABROWSKI L, et al. Electrical discharge machining characteristics of metal matrix composites [J]. Journal of Materials Processing Technology, 2001, 109 (3): 367-370.

[142] SHANDILYA P, JAIN P K, JAIN N K. On wire breakage and microstructure in WEDC of SiCp/6061 aluminum metal matrix composites [J]. The International Journal of Advanced Manufacturing Technology, 2012, 61 (9/10/11/12): 1199-1207.

[143] PATIL N G, BRAHMANKAR P K. Determination of material removal rate in wire electro-discharge machining of metal matrix composites using dimensional analysis [J]. The International Journal of Advanced Manufacturing Technology, 2010, 51 (5): 599-610.

[144] GU L, CHEN J, XU H, et al. Blasting erosion arc machining of 20 vol. % SiC/Al metal matrix composites [J]. The International Journal of Advanced Manufacturing Technology, 2016, 87 (9/10/11/12): 2775-2784.

[145] CHEN J, GU L, ZHU Y, et al. High efficiency blasting erosion arc machining of 50 vol. % SiC/Al matrix composites [J]. Proceedings of the Institution of Mechanical Engineers, Part B: Journal of engineering manufacture, 2018, 232 (12): 2226-2235.

[146] KOZAK J. Mathematical models for computer simulation of electrochemical machining processes [J]. Journal of Materials Processing Technology, 1998, 76 (1/2/3): 170-175.

[147] HACKERT-OSCHÄTZCHEN M, LEHNERT N, MARTIN A, et al. Surface characterization of particle reinforced aluminum-matrix composites finished by pulsed electrochemical machining [J]. Procedia CIRP, 2016, 45: 351-354.

[148] KUMAR K, SIVASUBRAMANIAN R. Modeling of metal removal rate in machining of aluminum matrix composite using artificial neural network [J]. Journal of Composite Materials, 2011, 45 (22): 2309-2316.

[149] MÜLLER F, MONAGHAN J. Non-conventional machining of particle reinforced metal matrix composite [J]. International Journal of Machine Tools and Manufacture, 2000, 40 (9): 1351-1366.

[150] HAMATANI G, RAMULU M. Machinability of high temperature composites by abrasive waterjet [J]. Journal of Engineering Materials and Technology, 112 (4): 381-386.

[151] SRINIVAS S, BABU N R. Role of garnet and silicon carbide abrasives in abrasive waterjet cutting of aluminum-silicon carbide particulate metal matrix composites [J]. International Journal of Applied Mechanics, 2011, 1: 109-122.

[152] SRINIVAS S, BABU N R. Penetration ability of abrasive waterjets in cutting of aluminum-silicon carbide particulate metal matrix composites [J]. Machining Science and

Technology, 2012, 16 (3): 337-354.

[153] SHARMA V, KUMAR V. Multi-objective optimization of laser curve cutting of aluminium metal matrix composites using desirability function approach [J]. Journal of the Brazilian Society of Mechanical Sciences and Engineering, 2016, 38 (4): 1221-1238.

[154] SHARMA V, KUMAR V. Investigating the quality characteristics of Al5052/SiC metal matrix composites machined by CO_2 laser curve cutting [J]. Journal of Materials: Design and Applications, 218, 232 (1): 3-19.

[155] PRZESTACKI D, SZYMARISKI P. Metallographic analysis of surface layer after turning with laser-assisted machining of composite A359/20SiCp [J]. Composites, 2011, 2: 102-106.

[156] PRZESTACKI D. Conventional and laser assisted machining of composite A359/20SiCp [J]. Procedia CIRP, 2014, 14: 229-233.

[157] KONG X, YANG L, ZHANG H, et al. Optimization of surface roughness in laser-assisted machining of metal matrix composites using Taguchi method [J]. The International Journal of Advanced Manufacturing Technology, 2017, 89 (1/2/3/4): 529-542.

[158] ZHONG Z, LIN G. Ultrasonic assisted turning of an aluminium-based metal matrix composite reinforced with SiC particles [J]. The International Journal of Advanced Manufacturing Technology, 2006, 27 (11): 1077-1081.

[159] KIM J, BAI W, ROY A, et al. Hybrid machining of metal matrix composite [J]. Procedia CIRP, 2019, 82: 184-189.

[160] XIANG D, ZHI X, YUE G, et al. Study on surface quality of Al/SiCp composites with ultrasonic vibration high speed milling [J]. Applied Mechanics and Materials, 2010, 42: 363-366.

[161] ZHI X, XIANG D, DENG J. Research on high volume fraction SiCp/Al removal mechanism under condition of ultrasonic vertical vibration [J]. Applied Mechanics and Materials, 2013, 373/374/375: 2038-2041.

[162] XU X, MO Y, LIU C, et al. Drilling force of SiC particle reinforced aluminum-matrix composites with ultrasonic vibration [J]. Key Engineering Materials, 2009, 416: 243-247.

[163] KADIVAR M A, YOUSEFI R, AKBARI J, et al. Burr size reduction in drilling of Al/SiC metal matrix composite by ultrasonic assistance [J]. Advanced Materials Research, 2012, 410: 279-282.

[164] XIANG D, ZHANG Y, YANG G, et al. Study on grinding force of high volume fraction SiCp/Al composites with rotary ultrasonic vibration grinding [J]. Advanced Materials Research, 2014, 1027: 48-51.

[165] ZHOU M, ZHENG W. A model for grinding forces prediction in ultrasonic vibration assisted grinding of SiCp/Al composites [J]. The International Journal of Advanced Manufacturing Technology, 2016, 87 (9/10/11/12): 3211-3224.

[166] ZHENG W, ZHOU M, ZHOU L. Influence of process parameters on surface topography in ultrasonic vibration-assisted end grinding of SiCp/Al composites [J]. The International Journal of Advanced Manufacturing Technology, 2017, 91 (5/6/7/8): 2347-2358.

[167] ZHOU M, WANG M, DONG G. Experimenta linvestigation on rotary ultrasonic face grinding of SiCp/Al composites [J]. Materials and Manufacturing Processes, 2016, 31 (5): 673-678.

[168] SHANAWAZ A M, SUNDARAM S, PILLAI U, et al. Grinding of aluminium silicon carbide metal matrix composite materials by electrolytic in-process dressing grinding [J]. The International Journal of Advanced Manufacturing Technology, 2011, 57 (1/2/3/4): 143-150.

[169] DANDEKAR C R, SHIN Y C. Modeling of machining of composite materials: A review [J]. International Journal of Machine Tools and Manufacture, 2012, 57: 102-121.

[170] 李万青. SiC/Al复合材料铣磨加工工艺参数的优化选择 [D]. 哈尔滨: 哈尔滨工业大学, 2011.

[171] YANG X, QIU Z, LI X. Investigation of scratching sequence influence on material removal mechanism of glass-ceramics by the multiple scratch tests [J]. Ceramics International, 2019, 45 (1): 861-873.

[172] GHOSH D, SUBHASH G, RADHAKRISHNAN R, et al. Scratch-induced microplasticity and microcracking in zirconium diboride-silicon carbide composite [J]. Acta Materialia, 2008, 56 (13): 3011-3022.

[173] GHOSH D, SUBHASH G, BOURNE G R. Inelastic deformation under indentation and scratch loads in a ZrB_2-SiC composite [J]. Journal of the European Ceramic Society, 2009, 29 (14): 3053-3061.

[174] BANDYOPADHYAY P, DEY A, MANDAL A K, et al. Effect of scratching speed on deformation of soda-lime-silica glass [J]. Applied Physics A, 2012, 107 (3): 685-690.

[175] LI C, ZHANG F, MENG B, et al. Research of material removal and deformation

mechanism for single crystal GGG ($Gd_3Ga_5O_{12}$) based on varied-depth nanoscratch testing [J]. Materials and Design, 2017, 125: 180-188.

[176] WANG J, BING G, ZHAO Q, et al. Evolution of material removal modes of sapphire under varied scratching depths [J]. Ceramics International, 2017, 43 (13): 10353-10360.

[177] WANG P, GE P, BI W, et al. Stress analysis in scratching of anisotropic single-crystal silicon carbide [J]. International Journal of Mechanical Sciences, 2018, 141: 1-8.

[178] ZHANG C, FENG P, ZHANG J. Ultrasonic vibration-assisted scratch-induced characteristics of C-plane sapphire with a spherical indenter [J]. International Journal of Machine Tools and Manufacture, 2013, 64: 38-48.

[179] LIANG Z Q, WANG X B, WU Y B, et al. Experimental study on brittle-ductile transition in elliptical ultrasonic assisted grinding (EUAG) of monocrystal sapphire using single diamond abrasive grain [J]. International Journal of Machine Tools and Manufacture, 2013, 71: 41-51.

[180] CAO J, WU Y, LU D, et al. Material removal behavior in ultrasonic-assisted scratching of SiC ceramics with a single diamond tool [J]. International Journal of Machine Tools and Manufacture, 2014, 79: 49-61.

[181] MARINESCU I D, HITCHINER M, UHLMANN E, et al. Handbook of Machining with Grinding Wheels [M]. Net York: Marcel Dekker Inc, 2007.

[182] TAKENAKA N. A study on the grinding action by single grit [J]. CIRP Annals-Manufacturing Technology, 1966, 13 (2): 183-190.

[183] MATSUO T, TOYOURA S, OSHIMA E, et al. Effect of grain shape on cutting force in superabrasive single-grit tests [J]. CIRP Annals-Manufacturing Technology, 1989, 38 (1): 323-326.

[184] WANG H, SUBHASH G, CHANDRA A. Characteristics of single-grit rotating scratch with a conical tool on pure titanium [J]. Wear, 2001, 249 (7): 566-581.

[185] SUBHASH, ZHANG W. Investigation of the overall friction coefficient in single-pass scratch test [J]. Wear, 2002, 252 (1/2): 123-134.

[186] BARGE M, RECH J, HAMDI H, et al. Experimental study of abrasive process [J]. Wear, 2008, 264 (5/6): 382-388.

[187] KOMANDURI R, VARGHESE S, CHANDRASEKARAN N. On the mechanism of material removal at the nanoscale by cutting [J]. Wear, 2010, 269 (3): 224-228.

[188] ANDERSON D, WARKENTIN A, BAUER R. Experimental and numerical investigations

of single abrasive-grain cutting [J]. International Journal of Machine Tools and Manufacture, 2011, 51 (12): 898-910.

[189] ÖPÖZ T T, XUN C. Experimental investigation of material removal mechanism in single grit grinding [J]. International Journal of Machine Tools and Manufacture, 2012, 63: 32-40.

[190] FENG P, LIANG G, ZHANG J. Ultrasonic vibration-assisted scratch characteristics of silicon carbide-reinforced aluminum matrix composites [J]. Ceramics International, 2014, 40 (7): 10817-10823.

[191] ZHA H, FENG P, ZHANG J, et al. Material removal mechanism in rotary ultrasonic machining of high-volume fraction SiCp/Al composites [J]. The International Journal of Advanced Manufacturing Technology, 2018, 97 (24): 1-11.

[192] ZHENG W, WANG Y, ZHOU M, et al. Material deformation and removal mechanism of SiCp/Al composites in ultrasonic vibration assisted scratch test [J]. Ceramics International, 2018, 44 (13): 15133-15144.

[193] GU P, ZHU C, TAO Z, et al. A grinding force prediction model for SiCp/Al composite based on single-abrasive-grain grinding [J]. The International Journal of Advanced Manufacturing Technology, 2020, 109 (5/6): 1563-1581.

[194] WANG T, WU X, ZHANG G, et al. An experimental study on single-point diamond turning of a 55 vol% SiCp/Al composite below the ductile brittle transition depth of SiC [J]. The International Journal of Advanced Manufacturing Technology, 2020, 108 (7/8): 2255-2268.

[195] 查慧婷, 冯平法, 张建富. 高体积分数 SiCp/Al 复合材料旋转超声铣磨加工的试验研究 [J]. 机械工程学报, 2017, 53 (19): 107-113.

[196] ZHU Y, KISHAWY H A. Influence of alumina particles on the mechanics of machining metal matrix composites [J]. International Journal of Machine Tools and Manufacture, 2005, 45 (4/5): 389-398.

[197] PRAMANIK A, ZHANG L, ARSECULARATNE J A. An FEM investigation into the behavior of metal matrix composites: Tool-particle interaction during orthogonal cutting [J]. International Journal of Machine Tools and Manufacture, 2007, 47 (10): 1497-1506.

[198] WANG T, XIE L, WANG X. Simulation study on defect formation mechanism of the machined surface in milling of high volume fraction SiCp/Al composite [J]. The International Journal of Advanced Manufacturing Technology, 2015, 79 (5/6/7/8):

1185-1194.

[199] ZHOU L, CUI C, ZHANG P, et al. Finite element and experimental analysis of machinability during machining of high-volume fraction SiCp/Al composites [J]. The International Journal of Advanced Manufacturing Technology, 2016, 91 (5): 1-10.

[200] TENG X, CHEN W, HUO D, et al. Comparison of cutting mechanism when machining micro and nano-particles reinforced SiC/Al metal matrix composites [J]. Composite Structures, 2018, 203: 636-647.

[201] WANG Y, LIAO W, YANG K, et al. Simulation and experimental investigation on the cutting mechanism and surface generation in machining SiCp/Al MMCs [J]. The International Journal of Advanced Manufacturing Technology, 2019, 100 (5/6/7/8): 1393-1404.

[202] UMER U, ASHFAQ M, QUDEIRI J A, et al. Modeling machining of particle-reinforced aluminum-based metal matrix composites using cohesive zone elements [J]. The International Journal of Advanced Manufacturing Technology, 2015, 78 (5/6/7/8): 1171-1179.

[203] GHANDEHARIUN A, KISHAWY H A, UMER U. Analysis of tool-particle interactions during cutting process of metal matrix composites [J]. The International Journal of Advanced Manufacturing Technology, 2016, 82 (1/2/3/4): 143-152.

[204] GHANDEHARIUN A, NAZZAL M, KISHAWY H A, et al. On modeling the deformations and tool-workpiece interactions during machining metal matrix composites [J]. The International Journal of Advanced Manufacturing Technology, 2016, 91 (5/6/7/8): 1-10.

[205] GHANDEHARIUN A, KISHAWY H A, UMBER U, et al. On tool-workpiece interactions during machining metal matrix composites: Investigation of the effect of cutting speed [J]. The International Journal of Advanced Manufacturing Technology, 2016, 84 (9): 2423-2435.

[206] 林滨, 黄新雁, 魏莹, 等. 加工表面微观形貌测量理论方法及评价 [J]. 制造业自动化, 2006, 28 (8): 14-18.

[207] 毛起广. 表面粗糙度的评定和测量 [M]. 北京: 机械工业出版社, 1991.

[208] CHAN K C, CHEUNG C F, REMESH M V, et al. A theoretical and experimental investigation of surface generation in diamond turning of an Al6061/SiCp metal matrix composite [J]. International Journal of Mechanical Sciences, 2001, 43 (9): 2047-2068.

[209] PENDSE D M, JOSHI S S. Modeling and optimization of machining process in discontinuously

reinforced aluminium matrix composites [J]. Machining Science and Technology, 2004, 8 (1): 85-102.

[210] GE Y, XU J, YANG H, et al. Workpiece surface quality when ultra-precision turning of SiCp/Al composites [J]. Journal of Materials Processing Technology, 2008, 203 (1/2/3): 166-175.

[211] SCHUBERT A, NESTLER A. Enhancement of surface integrity in turning of particle reinforced aluminiummatrix composites by tool design [J]. Procedia Engineering, 2011, 19 (1): 300-305.

[212] 王阳俊. SiCp/Al复合材料高速铣削表面质量及刀具磨损研究 [D]. 哈尔滨: 哈尔滨工业大学, 2011.

[213] WU Q, XU W, ZHANG L. Machining of particulate-reinforced metal matrix composites: An investigation into the chip formation and subsurface damage [J]. Journal of Materials Processing Technology, 2019, 274: 112-120.

[214] DANDEKAR C R, SHIN Y C. Multi-step 3-D finite element modeling of subsurface damage in machining particulate reinforced metal matrix composites [J]. Composites, Part A: Applied Science and Manufacturing, 2009, 40 (8): 1231-1239.

[215] MANNA A, BHATTACHARYYA B. Taguchi method based optimization of cutting tool flank wear during turning of PR-Al/20vol.% SiC-MMC [J]. International Journal of Machining and Machinability of Materials, 2006, 1 (4): 488-499.

[216] PALANIKUMAR K, SHANMUGAM K, DAVIM J P. Analysis and optimisation of cutting parameters for surface roughness in machining Al/SiC particulate composites by PCD tool [J]. International Journal of Materials and Product Technology, 2010, 37 (1/2): 117-128.

[217] SINGH H, KAMBOJ A, KUMAR S. Multi response optimization in drilling Al6063/SiC/15% metal matrix composite [J]. International Journal of Chemical, Nuclear, Materials and Metallurgical Engineering, 2014, 8 (4): 281-286.

[218] SINGH S, SINGH I, DVIVEDI A. Multi objective optimization in drilling of Al6063/10% SiC metal matrix composite based on grey relational analysis [J]. Proceedings of the Institution of Mechanical Engineers, Part B: Journal of Engineering Manufacture, 2013, 227 (12): 1767-1776.

[219] BABU K V, UTHAYAKUMAR M, JAPPES J, et al. Optimization of drilling process on Al-SiC composite using grey relation analysis [J]. International Journal of Manufacturing, 2015, 5 (4): 17-31.

[220] HAQ A N, MARIMUTHU P, JEYAPAUL R. Multi response optimization of machining parameters of drilling Al/SiC metal matrix composite using grey relational analysis in the Taguchi method [J]. The International Journal of Advanced Manufacturing Technology, 2008, 37 (3/4): 250-255.

[221] BHUSHAN R K. Optimization of cutting parameters for minimizing power consumption and maximizing tool life during machining of Al alloy SiC particle composites [J]. Journal of Cleaner Production, 2013, 39: 242-254.

[222] RAMANUJAM R, RAJU R, MUTHUKRISHNAN N. Taguchi multi-machining characteristics optimization in turning of Al-15%SiCp composites using desirability function analysis [J]. 2010, 1 (2/3): 120-125.

[223] BHUSHAN R K. Multiresponse optimization of Al alloy-SiC composite machining parameters for minimum tool wear and maximum metal removal rate [J]. Journal of Manufacturing Science and Engineering, 2013, 135 (2): 021013.

[224] RAMANUJAM R, MUTHUKRISHNAN N, RAJU R. Optimization of cutting parameters for turning Al-SiC (10p) MMC using ANOVA and grey relational analysis [J]. International Journal of Precision Engineering and Manufacturing, 2011, 12 (4): 651-656.

[225] PAI D, RAO S S, SHETTY R. Application of statistical tool for optimisation of specific cutting energy and surface roughness on surface grinding of Al-SiC35p composites [J]. International Journal of Science and Statistical Computing, 2011, 2 (1): 16-27.

[226] BHUSHAN R K, KUMAR S, DAS S. GA approach for optimization of surface roughness parameters in machining of Al alloy SiC particle composite [J]. Journal of Materials Engineering and Performance, 2012, 21 (8): 1676-1686.

[227] TAMANG S K, CHANDRASEKARAN M. Modeling and optimization of parameters for minimizing surface roughness and tool wear in turning Al/SiCp MMC, using conventional and soft computing techniques [J]. Advances in Production Engineering and Management, 2015, 10 (2): 59-72.

[228] KARTHIKEYAN R, JAIGANESH S, PAI B C. Optimization of drilling characteristics for Al/SiCp composites using fuzzy/GA [J]. Metals and Materials International, 2002, 8 (2): 163-168.

[229] DHAVAMANI C, ALWARSAMY T. Optimization of machining parameters for aluminum and silicon carbide composite using genetic algorithm [J]. Procedia Engineering, 2012, 38: 1994-2004.

[230] 孟彬彬. SiC 陶瓷材料刻划去除机理及裂纹扩展行为研究 [D]. 哈尔滨: 哈尔滨工业大学, 2016.

[231] BOWDEN F P, TABOR D. The friction and lubrication of solids [J]. American Journal of Physics, 1951, 19 (7): 428-430.

[232] ZHANG Z, ZHANG L, MAI Y. Modelling friction and wear of scratching ceramic particle-reinforced metal composites [J]. Wear, 1994, 176 (2): 231-237.

[233] SHARP S J, ASHBY M F, FLECK N A. Material response under static and sliding indentation loads [J]. Acta Metallurgica et Materialia, 1993, 41 (3): 685-692.

[234] LIU Y, DENG J, YUE H, et al. Material removal behavior in processing green Al_2O_3 ceramics based on scratch and edge-indentation tests [J]. Ceramics International, 2019, 45 (9): 12495-12508.

[235] SU Y, OUYANG Q, ZHANG W, et al. Composite structure modeling and mechanical behavior of particle reinforced metal matrix composites [J]. Materials Science and Engineering A, 2014, 597: 359-369.

[236] Akshay, Dvivedi, Pradeep, et al. Effect of EDM process parameters on surface quality of Al 6063 SiCp metal matrix composite [J]. International Journal of Materials and Product Technology, 2010, 39 (3/4): 093502.

[237] LOTFIAN S, RODRíGUEZ M, YAZZIE K E, et al. High temperature micropillar compression of Al/SiC nanolaminates [J]. Acta Materialia, 2013, 61 (12): 4439-4451.

[238] BROOKES C A, BROOKES E J. Diamond in perspective: A review of mechanical properties of natural diamond [J]. Diamond and Related Materials, 1991, 1 (1): 13-17.

[239] JOHNSON G R, COOK W H. A constitutive model and data for metals subjected to large strains, high strain rates and high temperatures [J]. Engineering Fracture Mechanics, 1983, 21: 541-548.

[240] ELWASLI F, ZEMZEMI F, MKADDEM A, et al. A 3D multi-scratch test model for characterizing material removal regimes in 5083-Al alloy [J]. Materials and Design, 2015, 87: 352-362.

[241] GUO X, GUO Q, LI Z, et al. Interfacial strength and deformation mechanism of SiC-Al composite micro-pillars [J]. Scripta Materialia, 2016, 114: 56-59.

[242] NAN C W, CLARKE D R. The influence of particle size and particle fracture on the elastic/plastic deformation of metal matrix composites [J]. Acta Materialia, 1996, 44

(9): 3801-3811.

[243] SANCHEZ J M, RUBIO E, ALVAREZ M, et al. Microstructural characterisation of material adhered over cutting tool in the dry machining of aerospace aluminium alloys [J]. Journal of Materials Processing Technology, 2005, 164/165: 911-918.

[244] CHEUNG C F, CHAN K C, TO S, et al. Effect of reinforcement in ultra-precision machining of Al6061/SiC metal matrix composites [J]. Scripta Materialia, 2002, 47(2): 77-82.

[245] 翁剑,庄可佳,浦栋麟,等. 基于机器学习和多目标算法的钛合金插铣优化研究 [J]. 中国机械工程, 2021, 32 (7): 771-777.